青少年科普丛书

ARTIFICIAL INTELLIGENCE
人工智能

〔英〕亨利·布赖顿（Henry Brighton） 著

〔英〕霍华德·塞利娜（Howard Selina） 绘

张 雯 蒋 虹 译

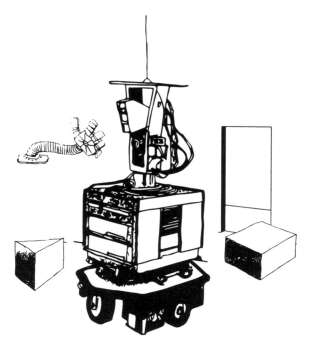

重庆大学出版社

ARTIFICIAL INTELLIGENCE
目 录

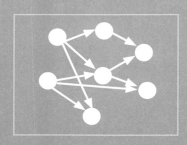

人工智能

在过去的半个世纪中，人们深入研究智能机器，也就是构建人工智能。这项研究创造出能够击败最佳棋手的博弈机器人，以及能够适应新环境、与人交流的仿人形机器人。

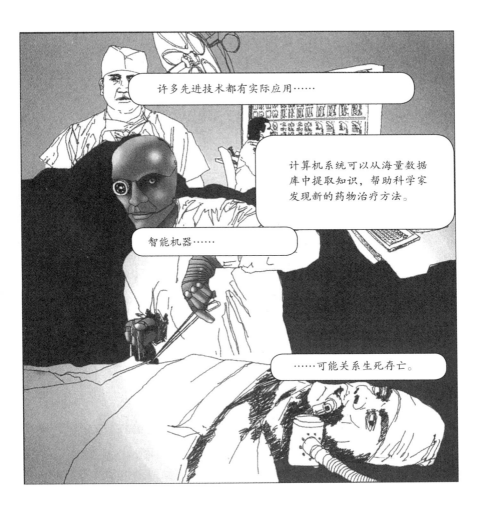

机场安装计算机系统用以嗅探行李箱中的易燃、易爆物。军事装备越来越依赖于智能机器的研究：导弹目前借助机器视觉系统找到目标。

人工智能的定义

　　人工智能研究促成了许多工程项目。但也许更重要的是，人工智能提出的问题超出了工程应用范围。

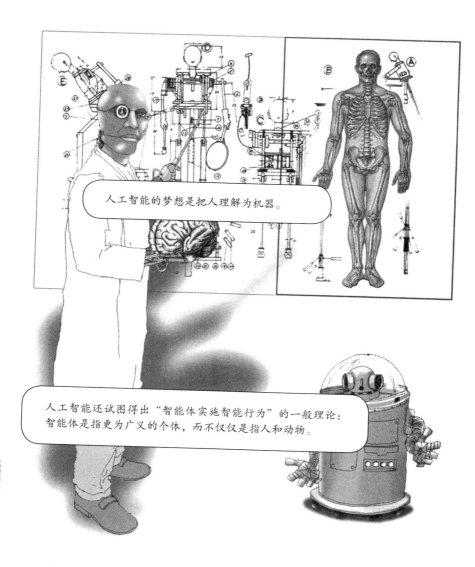

　　人工智能的梦想是把人理解为机器。

　　人工智能还试图得出"智能体实施智能行为"的一般理论：智能体是指更为广义的个体，而不仅仅是指人和动物。

　　智能体的能力可能会超出我们目前的想象。这是一项非常大胆的研究，解决的是激烈争论了几千年的哲学论点。

智能体是什么

　　智能体是能做出智能行为的东西，可以是机器人或计算机程序。物理智能体，如机器人，有明确的解释，即与物理环境交互的物理设备。然而，大多数人工智能研究关注的是虚拟或软件智能体，它们作为占据计算机内部虚拟环境的模型而存在。

物理智能体与虚拟智能体之间的区别不总是清晰的。

研究人员可以用虚拟智能体作实验，有时会将其自身下载到机器躯体中实现物理实例化。

智能体本身也能由多个子智能体构成。

　　一些人工智能系统采用从观察蚁群得到的技术来解决问题。因此，在这种情况下，看起来是单个的智能体可能依赖数百个子智能体的组合行为。

作为经验科学的人工智能

人工智能是一项艰巨的任务。人工智能创始人之一马文·明斯基（Marvin Minsky，1927—2016）曾说："人工智能是有史以来最难解决的科学问题之一。"人工智能是科学与工程的结合。

人工智能最极端的形式是强人工智能，其目标是建立一个能够思考、有意识与情感的机器。这种观点认为，人只不过是精密计算机。

弱人工智能的观点就不那么激进了。

弱人工智能的目的是发展人类与动物智能理论，以及通过建立工作模型来测试这些理论，模型通常为计算机程序或机器人。

人工智能研究将工作模型视为帮助理解的工具。

没有人认为机器本身具有思维、意识与情感的能力。

　　因此，对于弱人工智能来说，模型是帮助理解思维的工具；而对于强人工智能来说，模型就是思维。

异形人工智能工程

人工智能还试图制造不需要基于人类或动物智能的机器。

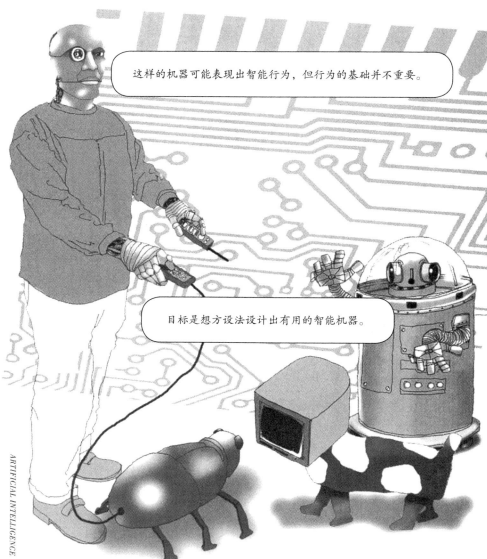

这样的机器可能表现出智能行为，但行为的基础并不重要。

目标是想方设法设计出有用的智能机器。

这些系统背后的机制并不是为了反映人类智能的潜在机制，因此这种人工智能的方法有时被称为异形人工智能。

解决人工智能问题

对于一些研究人员来说，解决人工智能问题就是找到一种方法制造出能力与人类相当或高于人类的机器。

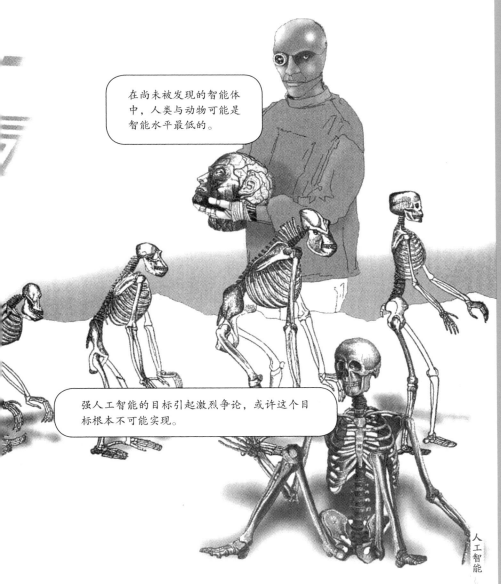

在尚未被发现的智能体中，人类与动物可能是智能水平最低的。

强人工智能的目标引起激烈争论，或许这个目标根本不可能实现。

但对于大多数人工智能研究人员而言，强人工智能争论的结果对他们几乎不会产生直接影响。

适度的野心

弱人工智能侧重于关注我们能够在何种程度上解释人类与动物行为背后的机制。

不同于强人工智能的立场，人工智能更普遍、更谨慎的目标是设计智能机器，工程项目的成功证实这个方法已经成熟。

发挥人工智能的极限

永生与超人类主义

> 就像原始人无法阻止语言交流，我们也无法阻止人工智能的发展。
> ——道格·莱纳特（Doug Lenat），爱德华·费根鲍姆（Edward Feigenbaum）

如果我们假设强人工智能可以实现，那么就会出现几个基本问题。

强人工智能研究的问题必须要解释这种可能性。强人工智能假设思维同其他精神特征一样，与我们的机体不是密不可分的。这样的话，永生就是可能的，因为一个人的精神生命能够存在于更强大的平台。

超人类智能

也许人类的智能水平受限于人脑的构造。人脑结构经历了数百万年的进化。无论从生物持续进化的角度来看，还是将其视为人类技术干预的结果，我们绝对没有理由认为人脑结构会停止进化。一些廉价的电子器件就能组装成一台强大的现代计算机，而大脑的那些部件那么迟缓，大脑还能发挥这么多作用，考虑到这一点，我们便会惊叹大脑所做的工作。

如果用更先进的元件构造大脑，可能会产生"超人类智能"。

对于一部分研究人员来说，这是人工智能的一个目标。

相关学科

不同于理解人类与动物认知机制的其他尝试，人工智能采用了构建工作模型的方式。通过工作模型的综合构建，人工智能可以测试、开发智能行为理论。

人工智能解决"心理过程"的大问题必然涉及心理学、哲学、语言学及神经科学等多门学科。

人工智能实现构建智能机器的目标需要逻辑学、数学及计算机科学的支撑。

任何一个相关学科的重大发现都可能影响人工智能的发展。

人工智能与心理学

　　人工智能与心理学的目标重叠，两者都旨在了解人类与动物行为的心理过程。20 世纪 50 年代后期，心理学家逐渐摒弃一个观点：行为主义是理解人类的唯一科学途径。

巴甫洛夫的狗

行为主义者认为，对人类与动物行为的解释不应该专注于研究无法观察的"心理实体"，而应该专注于我们可以确定的行为观察。

那些摒弃行为主义的人不再将研究对象局限于刺激—反应关系，而是开始考虑记忆、学习与推理等内在"心理学"过程，将其作为解释人类智能行为的有效概念。

认知心理学

　　大约同一时期，计算机可以充当思维模型的观点逐渐为人们所接受。这两个概念结合在一起就自然形成了一种基于人脑计算理论的心理学方法。

1957 年，人工智能先驱赫伯特·西蒙（Herbert Simon, 1916—2001）预测……

……10 年内，心理学理论将采用计算机程序的形式。

　　20 世纪 60 年代末，作为心理学分支的认知心理学出现了，它用信息处理术语来解释认知功能，而且在根本上依赖计算机作为认知隐喻。

认知科学

显然，人工智能与认知心理学有很多共同点。

因此，这两者都有对认知科学的共同追求。

人工智能与认知心理学都在理解智能活动的跨学科研究中占据核心地位。

因此，本书中的概念属于认知科学与人工智能的范畴。

人工智能与哲学

　　人工智能的一些基本问题是困扰哲学家几千年的难题。或许人工智能是一门与哲学密切相关的独特科学。

在一项调查中，人工智能研究人员被问及他们认为人工智能与哪门学科联系最紧密。

说得最多的答案是哲学。

心身问题

　　心身问题可追溯到勒内·笛卡尔（René Descartes，1596—1650），他认为精神世界与物质世界之间存在根本区别。对于笛卡尔来说，智能是人独有的，动物只是没有精神世界的野兽。

在心身问题的现今讨论中，人工智能提出了计算机隐喻，将程序与计算机、思维与大脑的关系作比较。

本体论与诠释学

使机器具有知识的尝试需要人们做出本体论假设，本体论是研究存在事物的哲学分支。数十年来，人工智能项目不断尝试将常识知识提炼至计算机中。

要做到这一点，设计者需要决定为了其对世界有意义，机器必须拥有哪些"常识"。

作为大陆哲学分支的诠释学强烈地批评了以这种方式将心理过程形式化的可能性……

但最近，这些批评形成了观察认知的新方法，并对人工智能的发展产生了积极的影响。本书稍后会介绍这一点。

积极的开始

　　"人工智能"一词是 1956 年在新罕布什尔州达特茅斯学院举行的一次小型会议上创造出来的。几位关键人物聚在一起讨论以下假设……

赫伯特·西蒙
（Herbert Simon）

约翰·麦卡锡
（John McCarthy）

克劳德·香农
（Claude Shannon）

"对于学习或智能的其他任何特征，每个方面原则上都可以被精确描述，以便机器能够模拟。"

艾伦·纽厄尔
（Allen Newell）

马文·明斯基
（Marvin Minsky）

　　从此，这个假设一直有重要的研究价值。许多参会人员继续在人工智能的研究中发挥关键作用。

乐观主义与激进言论

达特茅斯会议进行了两个月。值得一提的是，与会者艾伦·纽厄尔与赫伯特·西蒙的言论引发了广泛讨论。

人工智能总在引起人们的极大兴趣，可以思考的机器是科幻小说的永恒主题。这一方面是因为我们对技术极限的迷恋，另一方面是因为人工智能研究人员的积极探索。

人工智能大胆的自我宣传经常受到批评。正如 1986 年西奥多·罗斯扎克（Theodre Roszak）在《新科学家》上发表的批评："人工智能多次公然欺骗大众，这在学术研究史上前所未有。"

1957 年，赫伯特·西蒙指出机器能思考……

我不是为了让你大吃一惊，但是……现在世界上真的存在能够思考、学习、创造的机器。

在大约 50 年后的今天，这个说法仍然不可信。机器真的能够思考吗？正如我们之后将看到的，这是一个重要的问题，依然有很多概念难题无法解决。然而，的确有充分的依据表明，存在能够学习、创造的机器。

智能与认知

　　智能究竟是什么呢？我们如何判断某物是人造而不是天然的呢？这些问题都没有确切的答案，因此人工智能成为一个不幸的科学分支。关于智能的概念，阿瑟·S. 雷伯（Authur S. Reber）于 1995 年提到："心理学中几乎没有哪个概念比它受到的关注更多，也没有哪个概念如此难以分类。"

在"人工智能"一词中，"智能"就是指"表现出有趣的行为"。

蚂蚁、白蚁、鱼类及大多数其他动物都能表现出有趣的行为……

然而，从"智能"这个词的普遍意义而言，这些动物不是智能的。

行为与智能之间的关系疑问重重。为了说明这些问题，接下来我们可能会谈及自主机器人技术的第一个里程碑。

模仿生命

20 世纪 50 年代，在英格兰西南部的布里斯托尔，威廉·格雷·沃尔特（William Grey Walter）率先制造了自主机器人。沃尔特早在数字计算机问世之前就完成了有影响力的工作，他对控制论感兴趣，控制论是对动物、机器可能行为范围的研究。

控制论基于这样的假设，即控制人类、动物及机器的原理是普遍适用的。

这意味着一些原理可以适用于以上三者，即使三者可能由完全不同的物质构成。

沃尔特对"模仿生命"感兴趣，制造了现今仍引发关注的机器人。沃尔特使用像燃气表齿轮这样非常基本的材料，制造出一系列形似乌龟的移动机器人。

这些机器人具有自主能力，行为不受人为干预或控制。沃尔特的机器人有三个轮子，被一个作为撞击探测器的外壳包围着。

乌龟机器人不仅能够探测与物体的碰撞，它还有一个光传感器……

我对光敏感。

通过两个分别控制主轮前进和转向的发动机，以及光传感器，机器人便可以向光源方向移动，然后在遇到强光时，机器人会自主避开。

复杂行为

沃尔特称他的机器人埃尔茜（Elsie）表现的行为不在预期内。比如，沃尔特在其所处环境中放置一个装有亮灯与充电装置的盒子。

在像动物一样活蹦乱跳后，埃尔茜的电池快没电了，这时它避开强光源的行为将会改变。

随着电池电量的降低，我对光线的敏感度也会降低。

它现在即将进到昏暗的盒子给自己充电。充满电后，灵敏度完全恢复，埃尔茜会冲出盒子再现之前的行为。

埃尔茜具有智能吗?

　　按照现代的标准，沃尔特的机器人构造十分简单，却能产生复杂行为，这样的例子解释了当代机器人技术面临的问题。沃尔特根本不能准确预测机器人的行为。

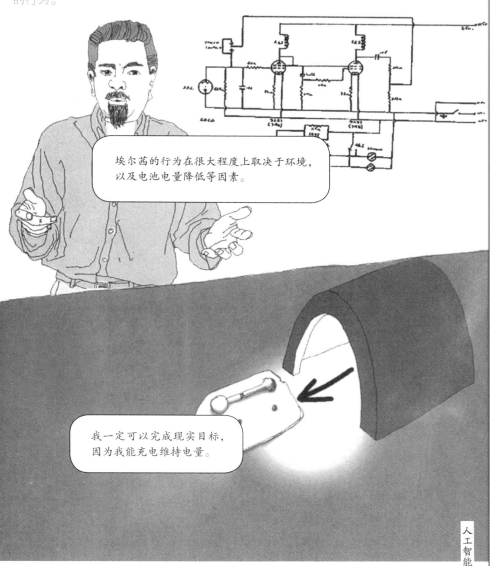

> 埃尔茜的行为在很大程度上取决于环境，以及电池电量降低等因素。

> 我一定可以完成现实目标，因为我能充电维持电量。

　　但埃尔茜的能力远不及我们认为的"真正"智能。重要的是，埃尔茜与那匹叫作"聪明汉斯"（Clever Hans）的名马十分相似。

聪明汉斯：一个警示故事

有一匹名为"聪明汉斯"的马，它因在驯马师威廉·冯·奥斯滕（Wilhelm von Osten）的训练下会算术而出名。汉斯可以用蹄子敲出算术题的准确答案，只是偶尔出错，围观者对此惊讶不已。科学专家支持了汉斯训练师的说法：汉斯真的会算术。然而，其中一位专家注意到，训练师不知道答案时汉斯就会出错。于是，聪明汉斯的神话就此破灭。

"聪明汉斯的错误"在于认为智能体具有某种能力，而实际上这种能力存在于其周围的事物。在这个故事中，周围的事物就是那个有算术能力的训练师。

相信"聪明汉斯"真实存在的人误认为冯·奥斯滕的智能属于马。威廉·格雷·沃尔特的乌龟机器人也因类似的误解招致批评。

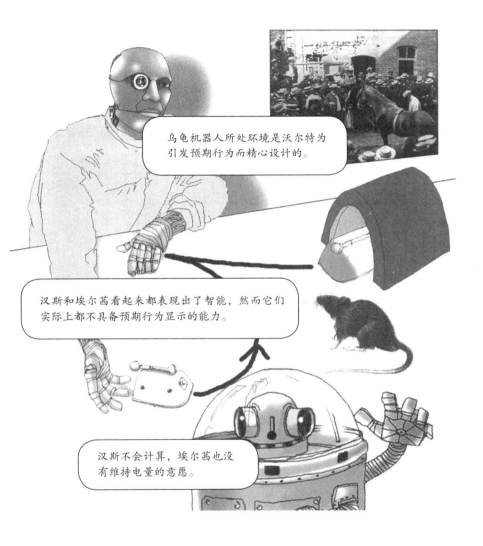

乌龟机器人所处环境是沃尔特为引发预期行为而精心设计的。

汉斯和埃尔茜看起来都表现出了智能，然而它们实际上都不具备预期行为显示的能力。

汉斯不会计算，埃尔茜也没有维持电量的意愿。

这说明了一个问题，不能仅根据智能体行为判断其具备某种能力。

那在智能行为与环境密切联系时，人工智能如何制造智能机器呢？大多数人工智能研究通过两种方式避开这个问题。第一种，将智能体从现实环境的复杂情况中分离出来，聚焦智能体的认知；第二种，主要研究内部认知过程，而不是外部行为。

语言、认知与环境

关于人工智能在认知与环境方面的立场，语言学家、认知科学家诺姆·乔姆斯基（Noam Chomsky，1928— ）曾作出阐释。他认为人类在语言方面天生具有很强的生物倾向性。

我发现，孩子无论在哪里出生，总会掌握复杂的语言知识。

孩子输入的是其父母及他人的言语。

输出的是母语隐含的复杂语法系统中看似完整的知识。

关于输入与输出之间的关系，乔姆斯基认为："对于设计一个满足给定输入—输出条件的设备，工程师面临这个问题时自然会得出结论，输出的基本属性是设备设计的结果。就我所见，只有这一种可能。"

换句话说，环境对人类的语言能力只起到次要作用。乔姆斯基认为，语言是一个一定程度上受环境影响的认知过程。

人工智能问题的两个方面

乔姆斯基的语言观可以作为过去 50 年来大部分人工智能研究的蓝图。人工智能研究通常侧重于语言、记忆、学习与推理等高层次的认知过程。

对于人工智能的一个普遍假设是，能够抛开与不断变化的复杂环境间的混乱关系来理解这些能力。

然而，机器人技术陷入与实际环境复杂性的持久战，并因此引发一系列其他问题。

本书将回顾 50 年来人工智能在这两个方面的发展。无论是强人工智能还是弱人工智能，人工智能只有在两个方面交会统一时才能成功。人工智能追求的终极目标一定是打造具有高层次认知能力的作业机器人。

人工智能的核心法则：认知主义

　　人工智能是基于认知可计算的观点，认为思维与人脑只不过是一台精密计算机。这种观点被称为认知主义。

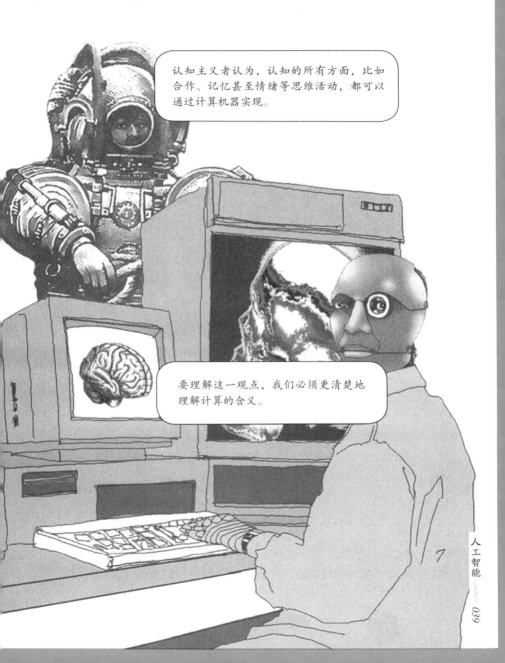

认知主义者认为，认知的所有方面，比如合作、记忆甚至情绪等思维活动，都可以通过计算机器实现。

要理解这一观点，我们必须更清楚地理解计算的含义。

计算是什么

　　计算是认知主义的核心概念，却很难给出定义。简言之，计算指的是"计算机可以执行的运算操作"。

这个解释足够作为初步的定义。

但这种经验说法仅说出了计算机目前可以执行的操作类型。

　　计算理论尽管缺乏精确的定义，但已经发展成熟，是计算机科学一个严密的分支，它在很大程度上以图灵机理论为基础。英国数学家艾伦·图灵（Alan Turing，1912—1954）在人工智能、计算机科学与逻辑学的历史上都是重要的先驱人物。

图灵机

　　图灵的成就之一就是提出了计算设备的概念模型——图灵机。图灵机是一个简单的虚拟机器，它有一条无限长的纸带，纸带上可以写入符号。

　　图灵机在计算理论中具有重要作用，图灵用他的虚拟机器证明了适用于各种目前已知计算设备的基本原理。而且，图灵是在计算机真实构建出来之前就实现了这一壮举。

作为计算设备的人脑

1943 年，沃伦·麦卡洛克（Warren McCulloch，1898—1968）和沃尔特·皮茨（Walter Pitts，1923—1969）在得知图灵的计算研究后，发表了题为《神经活动内在思维的逻辑微积分》的论文，文中论证了单个的人脑神经元如何被视为计算设备。沃尔特·皮茨十几岁时曾偷偷跑到芝加哥大学听课，他丰富的逻辑知识给教授留下了深刻印象，还被邀请协助生理学家沃伦·麦卡洛克做研究。

我们共同革新了脑科学研究。

我们解释了小型神经元集合如何充当逻辑门，逻辑门是现代计算机的组成单元。

最终，他们证明了神经元集合可以执行图灵机可完成的一切计算，这一发现得出人脑可以被视为像图灵机一样的计算设备。

通用计算

　　所有计算机都有局限，不管是现代的、精密的，还是昂贵的。它们可以执行的计算也正是图灵机能够完成的。这表明，在进行是否可计算的分析时，我们只需要以图灵机为参照。所有其他机器，包括人脑，都可以归结为图灵机。

机器可以执行的任何计算与图灵机可执行的都完全一致。

这些是将图灵机作为通用计算模型的依据。

　　计算机或人脑可以执行的一切计算，具有 65 年历史的图灵虚拟计算机也可以完成。

计算与认知主义

尽管从所执行计算的类别而言，所有计算设备可被视为图灵机，但不同设备执行计算的基本方式却不同。

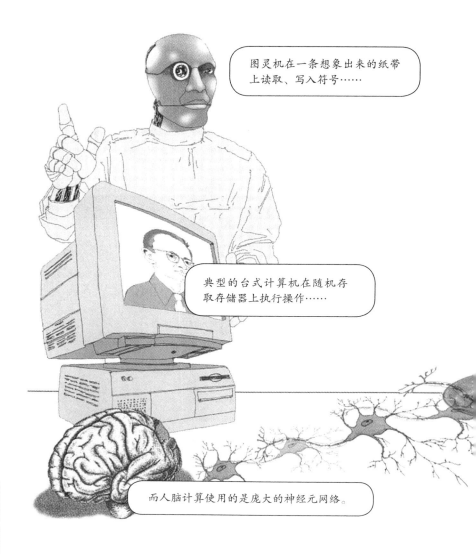

图灵机在一条想象出来的纸带上读取、写入符号……

典型的台式计算机在随机存取存储器上执行操作……

而人脑计算使用的是庞大的神经元网络。

因此，当我们从计算机可执行的计算类别这一角度谈及计算时，知道的仅是计算结果，而不是过程。那么，认知主义支持的是哪种计算模型呢？人脑究竟是如何计算的呢？

机器大脑

　　从古至今，科学家一直称人脑内部活动是机械的。文艺复兴时期，他们认为这种机械活动类似于发条装置，后来觉得像蒸汽机。20 世纪，科学家又将其比作电话交换机。

而计算机隐喻是最恰当的描述。

计算机隐喻指的是人脑与思维的关系就像硬件与软件的关系。

　　人脑就像硬件，属于物理设备。思维就像软件，需要以物理设备为载体来运行，但它因为没有质量所以不是物质。

功能主义将思维与人脑分离

功能主义学派认为，操作类型尤其重要，因为它定义了计算，而其物理实体的本质远不及它重要。两个过程只要实现的功能相同，就可以认为是相同的。因此，功能主义意味着多重实现，因为相同操作的物理实现可以有多种不同的方式。

例如，同一电子表格程序可以在类型完全不同的计算机上运行。

重要的是，电子表格的功能完全相同，只是这些功能实现的方式不同。

功能主义者主张，认知与任何一种机制都无关。思维之所以特殊在于其执行的任务，而由数百万神经元构成的大脑是其生理基础。

物理符号系统假说

1976 年，纽厄尔和西蒙提出了物理符号系统假说，在假说中列出思维依赖的计算类型的一组典型特性。物理符号系统假说提出"物理符号系统是智能行为的充分必要条件"，认为智能行为必须依赖于符号的句法操作。也就是说，认知需要符号表示的操作，这些表示可以指称世间万物。

本质上，纽厄尔和西蒙说的只是计算机运行程序的类别，而没有提及运行该程序的计算机类别。

智能行为理论

纽厄尔和西蒙的假说试图阐明智能行为所需操作的问题。然而，物理符号系统假说只是假设，因此必须进行检验，正确与否只能由科学家做实验证明。传统上，人工智能就是检验这一假设的科学。

物理符号系统假说对人脑支持程序的类别提出了见解。

因此，找到正确的程序就是智能行为理论的要求。

重要的是，他们站在功能主义的立场，认为支持程序的机器性质不是关键点。

机器真的能思考吗？

我们来看一下认知主义者的主张。如果他们已经成功了，不仅实现了强人工智能的目标，而且也构建了智能的思维机器。我们就会相信他们吗？认知主义在本质上是幼稚的想法吗？也许会有一场决定性的争论来证明机器不能思考。

艾伦·图灵在 1950 年的一篇开创性论文《计算机器与智能》（*Computing Machinery and Intelligence*）中，表现了对"机器真的能思考吗"这个问题的兴趣。图灵认识到这个问题定义不明确，"毫无意义，不值得讨论"。

我将这个问题定义为模仿游戏。

模仿游戏中，需要有一个人通过提问和回答的文本来判断在另一计算机终端作答的是计算机还是人。

通过计算机连接的两个终端处于不同的屋子……

图灵测试

提问者可以随意提问，得到的回答不一定真实，但提问者必须根据回答判断对方是人还是计算机。图灵设想了一段对话。

如果计算机能骗过提问者，让对方相信它是人，那么它就通过了图灵测试。

对于"机器能思考吗"这一问题，图灵的疑问在于"思考"一词。思考究竟是什么呢？我们又如何判断思考正在进行呢？图灵认为，我们应该使用这个词的日常用法。

这些回答谈到的事实很少，更多的是关于"思考"与"游泳"这类词的精确使用。

勒布纳人工智能奖

1991 年，图灵测试成为一年一度的竞赛，每年参赛者都会争夺这项大奖。设计出通过图灵测试计算机程序的第一个人就能获得 10 万美元奖金与一块金牌。至今没有人成功获得金牌，但每年表现最佳者都会获得铜牌与奖金。以下是裁判与计算机之间的对话片段。

近期似乎没有计算机能通过图灵测试。

图灵测试的问题

许多人反对将图灵的模仿游戏作为测试智能或思维的方式。反对的主要原因是这个测试只考虑机器的语言行为，却忽视了机器的运行方式。

想象一下，一台机器通过了图灵测试，但显然是以非智能的方式。

> 这项研究的基本目标不仅仅是模仿智能或制造聪明的仿造品。根本不是如此。"人工智能"只想要真品：真正具有思维能力的机器。
>
> ——约翰·郝格兰（John Haugeland）

例如，在思维实验中，假设机器能够记忆给定长度的对话片段。

你好，我是罗迪。

让我想想……

然后，逐字回忆，就可能通过图灵测试。

你可能是对的，但是……
我是这样认为……

虽然这实际上不可能发生，但有人用这个假设来说明图灵测试的不足。

机器内部：塞尔的中文屋

　　人工智能研究人员声称机器"理解"它们操纵的程序。20 世纪 80 年代，哲学家约翰·塞尔（John Searle）对此感到失望，就设计了思维实验，试图给那些强人工智能的吹嘘者以致命一击。

不同于图灵测试，我的论证针对的是计算机内部的计算本质。

塞尔试图证明，纯粹的句法符号操作，就如同纽厄尔和西蒙提出的物理符号系统假说，并不能引导机器思考或理解。

塞尔的中文屋

　　塞尔设想自己在一个屋子里，
屋子的一侧有一个窗口，用中文
写的问题会通过窗口传给塞尔。
他要做的是用中文回答这些问题，
答案会通过另一个窗口传回屋外。
但问题是塞尔根本不懂中文，汉
字对他来说毫无意义。

为了便于编写问题的答案，我备有一套复杂的规则手册，告诉我如何用没有意义的汉字符号来回答问题。

经过足够的练习，塞尔能够很熟练地编写答案。对外界来说，塞尔在行为上已经与以汉语为母语的人没有区别，这就表明中文屋通过了图灵测试。

与真正懂中文的人不同，塞尔丝毫不懂他使用的符号。类似地，计算机使用抽象符号执行相同的程序，却也丝毫不懂汉字符号。

　　塞尔得出结论，可以操作形式符号不能充分说明其具有理解力。这个结论与纽厄尔和西蒙的物理符号系统假说有直接的矛盾。

塞尔的答案

经常有人针对塞尔论证提出这样的反驳：塞尔他自己或许不懂中文，但塞尔与规则手册的组合体能够理解中文。

这一反驳没有道理，因为从逻辑上来看，没有理解力的若干部分组合起来是不会产生理解力的。

在这一点上，塞尔认为整体仅仅是各部分之和。

对于许多人来说，这一点是塞尔论证的软肋。

那么，整体能够超过各部分之和吗？有充分证据表明，"部分组合"确实会产生更高层次的复杂性，成为"更复杂的整体"。

复杂性理论的应用

　　复杂性是由简单部分经过复杂相互作用产生理解秩序的科学，关注的是突现的可能性。突现特性指的是那些仅通过理解部分行为无法预测的属性。

简单部分间的复杂相互作用可以产生所谓的自组织性。

简单部分相互作用产生高级特性时，就会出现自组织性。

列举一个生物学的例子……

理解力是突现特性吗？

人类产生于人类基因组，基因组在很大程度上精确地规定如何构建人类。我们当然是人类基因的产物，但需要经过基因之间、基因产生的多肽链之间，以及基因与多肽链之间多种极其复杂的相互作用。

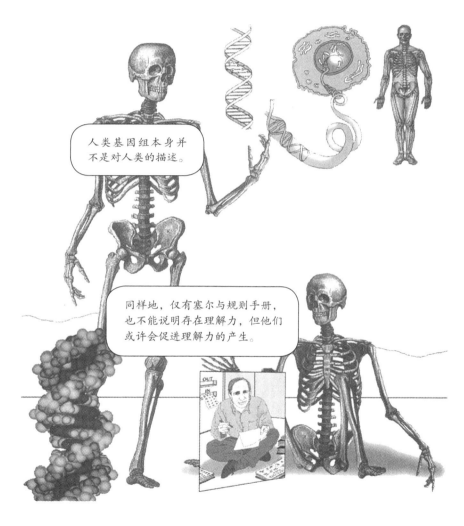

人类基因组本身并不是对人类的描述。

同样地，仅有塞尔与规则手册，也不能说明存在理解力，但他们或许会促进理解力的产生。

总之，复杂性理论告诉我们，整体可以超过各部分之和，尽管这种论证本身并不能解释理解力的出现。

合适材料制造的机器

　　必须要说明一点，塞尔并不否认强人工智能实现的可能性。实际上，他认为人类就是复杂的机器，因此我们可以制造出能够思考、理解的机器。塞尔反对的观点是，机器理解力只是一个写出正确程序的问题。塞尔抨击了功能主义的核心理论。

人工智能与二元论

　　对塞尔而言，质疑他观点的人必定支持二元论，认为精神领域与物质领域没有因果联系。塞尔认为，这也正是许多人工智能研究人员的立场。他们认为模型只要执行正确的程序就具有了精神世界。理解精神现象仅需通过程序（思维），而不依赖于机器（人脑）。

塞尔的这个观点遭到激烈的批评，因为很少有科学家愿意承认非物质精神领域的存在。

简言之，我们目前所知的计算机并不是由支持思考、理解与意识的合适材料制成。

　　塞尔认为，寻求"正确的程序"继续人工智能的研究具有误导性。理解力等能力还需要合适的机器。

脑部假体实验

　　机器人专家汉斯·莫拉维克（Hans Moravec，1948—　　）提出了脑部假体实验，实验清楚地说明了思维、理解与意识等特性所处位置的不同观点。试想一下，用电子神经元替换人脑中的生物神经元，一次换一个，逐步将人脑从生物器官变为电子设备。如果我们充分了解神经元的行为，而且人工神经元在任何条件下都能模仿这种行为，那么改造大脑与生物大脑的行为就会相同。

一定如此，因为电子神经元与生物神经元的行为相同。

在进行脑组件更换实验过程中，你的意识会受到什么影响呢？

我保证你不会注意到任何变化。

我认为你的意识会逐步退化。

罗杰·彭罗斯与量子效应

对塞尔来说，意识所要求的机制特性非常神秘。他没有解释为什么计算机不能支持理解、意识等特性，而人脑能支持。牛津大学的数学物理学家罗杰·彭罗斯（Roger Penrose）却对此提出了一个候选答案。

与塞尔的观点类似，彭罗斯认为传统计算机器不能支持意识。思维意识需要有非常具体的物理特性。

计算机对其支持的计算过程具有内在局限性。

彭罗斯与哥德尔定理

　　彭罗斯为了论证自己的观点，引用了数理逻辑中的一个基本定理——哥德尔定理。这个定理指出，一些数学真理不能通过计算过程证明出来。显然人类数学家可以得出这些真理，因此彭罗斯断言人类一定能进行不可计算的操作。

　　思维包含不可计算的元素，那么计算机就永远做不了人类能做的事。

　　因此，意识在某些方面的不可计算性，特别是在数学理解方面，充分说明了所有意识都具有不可计算性。以上就是我的观点。

　　如果人类思维包含不可计算的过程，那么人脑怎样支持这些过程呢？彭罗斯又引用了物理学理论回答这个问题，提出量子引力理论很可能就是解释思维意识所需要的。

量子引力与意识

量子引力理论目前仍处于试验阶段，该理论旨在解释当前物理学观察的可测量不准确性。也就是说，量子理论与相对论都无法全面解释某些微观现象。彭罗斯指出："这一新理论不仅是对量子力学的微小改动，它与标准量子力学的区别就像广义相对论与牛顿引力。量子理论会有完全不同的概念框架。"

在彭罗斯之前，就有人提出量子引力可能对我们理解意识至关重要，但彭罗斯大胆将此观点更加具体化，提出大脑中的量子引力效应很可能依赖于微管，微管是神经元内部类似于输送带的结构。

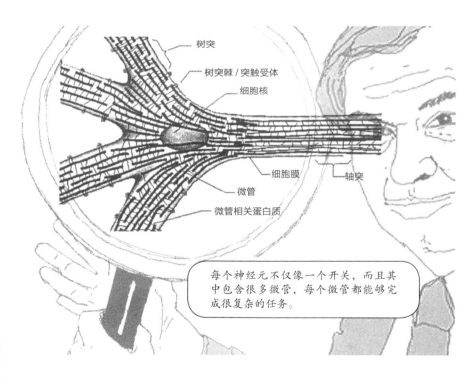

每个神经元不仅像一个开关，而且其中包含很多微管，每个微管都能够完成很复杂的任务。

彭罗斯认为，微管为意识所需的量子引力效应提供基质。重要的是，这些过程是不可计算的，因此传统计算机器无法支持。这个推测也契合了彭罗斯人类思维依赖于不可计算的过程这一观点。

我们目前所知的计算机不具有包含微管的细胞结构，因此它们不能支持意识。彭罗斯或许是对的，但目前他的观点还缺乏足够的证据支撑。对于思维意识机器存在可能性的所有相关争论，有一个共同结论是，在我们对生物系统的传统理解中至今还有一些因素未考虑到。彭罗斯的理论颇受争议，很少有人接受他的观点。

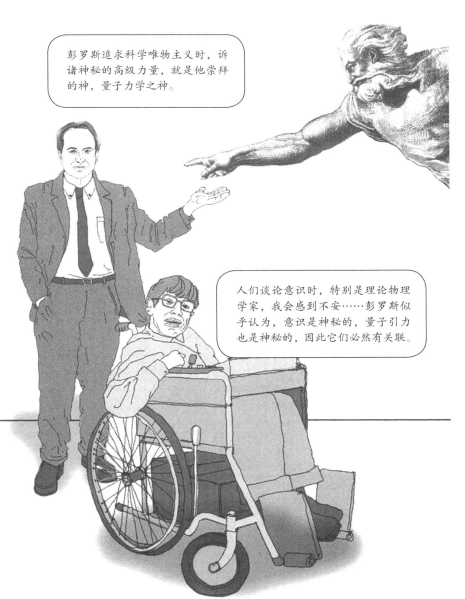

彭罗斯追求科学唯物主义时，诉诸神秘的高级力量，就是他崇拜的神，量子力学之神。

人们谈论意识时，特别是理论物理学家，我会感到不安……彭罗斯似乎认为，意识是神秘的，量子引力也是神秘的，因此它们必然有关联。

人工智能实际上是研究思维机器的吗？

理解、意识与思维之谜

　　就我们目前的理解来说，确实无法解释机械化理解、意识或思维的问题。最好将其归结为意向性问题，这也是自中世纪以来哲学家一直苦心研究的问题。

"意向性"作为哲学术语时指的是对事物的关注。

精神状态具有它关注的对象，如信仰、欲望，并且意向性的精神状态需要思维意识。

意识总是属于某物，某物也包括意识本身的意识……

埃德蒙德·胡塞尔
（Edmund Husserl，1859—1938）
现象学创始人

弗兰茨·布伦塔诺
（Franz Brentano，1837—1917）
心理学家与哲学家

　　人工智能被这个古老的问题绊住了。意向性究竟是什么，它是否真实存在呢？假如存在，是否有其实体基础？尽管有些人工智能研究人员声称他们的机器能够思考、理解，但遗憾的是，意向性问题之争仍然是未解之谜。

解决意向性问题

　　人工智能的积极研究者很少考虑研究使用的机器类型，以及这种机器如何揭示意向性问题。实际研究的进展不受意向性问题之争的影响。大多数人工智能研究人员认同的观点是，我们可以研究智能行为理论，用理论构建计算机模型，而无需解释意向性问题。

人工智能研究人员一般会在标准计算机上编写计算机程序。

同样，机器人专家也没有尝试过用某种机器来解决意向性问题。

　　人　　　　　　　解决意向性问题视为"最后任务"的一部分，大
家　　　　　　　　标是实现计算机与机器人的智能，然后才会考虑

认知主义学派的观点

　　人工智能的经典研究方法包括一整套原则与实践，它们用于探索认知主义的正确性，尤其是研究纽厄尔和西蒙提出的物理符号系统假说。最好这样理解，认知是对符号系统的形式化操纵。

　　人工智能的经典研究方法产生了以下工程项目，下文将详细介绍。

- 能够击败人类围棋冠军的计算机棋手。
- 使计算机具有人类常识的尝试。
- 能够根据摄像头捕捉的场景提取信息的计算机视觉系统。
- 夏凯（Shakey），能够使用视觉、计划与自然语言处理等多种人工智能技术执行任务的机器人。

感知—思考—行动

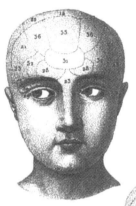

传统人工智能的基本观点是，智能活动要求智能体首先能感知其所处的环境。

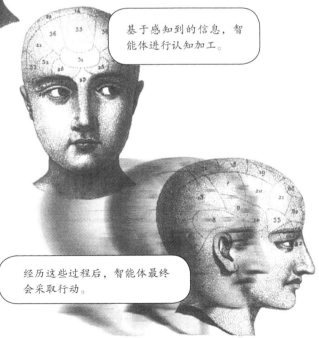

基于感知到的信息，智能体进行认知加工。

经历这些过程后，智能体最终会采取行动。

简言之，感知与行动的媒介就是认知行为。

超越埃尔茜

正如我们所知，机器人夏凯的认知能力远远超过威廉·格雷·沃尔特的乌龟机器人埃尔茜。回想一下埃尔茜的弱点……

它不知道自己在哪里，也不知道自己准备去哪里。

它没有实现目标的程序设计。

它几乎没有或完全没有认知能力。

埃尔茜缺乏传统人工智能试图理解的能力，如推理、学习、视觉与语言理解等认知能力。

不同于埃尔茜，夏凯是认知机器人的一个典范。

夏凯依赖的是多种人工智能技术，但在制造夏凯之前，研究人员不得不考虑夏凯的组成部件。

认知建模

　　人工智能的大部分都依赖于认知建模。认知建模指的是构建具有一定认知功能的计算机模型。

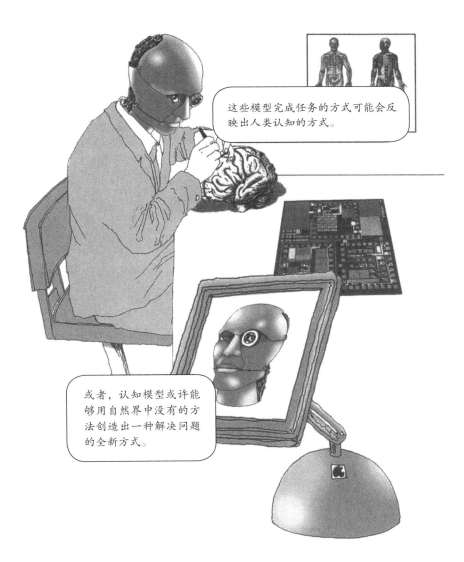

这些模型完成任务的方式可能会反映出人类认知的方式。

或者，认知模型或许能够用自然界中没有的方法创造出一种解决问题的全新方式。

　　但这个问题仍然没有解决，因为构建工作模型本身不能解释被建模的对象。

模型不是解释

假如有人给你一幅人脑线路图，图上绘有完整的脑神经结构，那么有了这幅线路图，你也许就能构建一个机械大脑。

想象一下，这是一台具有学习、推理及其他认知能力的机器。

对于人类认知，你现在真的得到一个满意的解释了吗？

这个模型能否帮助我们理解认知过程呢？比如长期记忆与短期记忆之间的关系。问题在于，或许我们有工作模型，却不是按照我们希望的方式理解这个模型。

线　虫

　　实际上，我们已经有秀丽隐杆线虫完整神经系统的线路图，也十分了解这种蠕虫的生理结构。2002 年，悉尼·布雷内（Sydney Brenner）、罗伯特·霍维茨（Robert Horvitz）和约翰·E. 苏尔斯顿（John E. Sulston）获得诺贝尔生理学或医学奖，因为他们经研究发现了秀丽隐杆线虫成虫（全长大约只有 1 毫米）如何从脱氧核糖核酸（DNA）发展而来。

因为秀丽隐杆线虫是透明的，所以构成它的 959 个细胞中的每一个都可以追溯到单个细胞的概念。

一部分是神经元细胞，这些细胞构成了秀丽隐杆线虫的大脑，而其他细胞则用于构建感觉器官、肌肉等细胞结构。

约翰·E. 苏尔斯顿

真正理解行为

　　秀丽隐杆线虫的最新研究发现是生物学的重大突破。从单个细胞到成熟生物体的发育过程包含了大量复杂的相互作用。

> 秀丽隐杆线虫构造十分简单，因此我们可以获得它的细胞结构详细图解。

> 即使我们清楚地了解这种蠕虫的神经结构，但神经结构如何产生行为却是难以被理解的。

　　因此，即便我们决定根据线路图来构建秀丽隐杆线虫，还是难以理解其行为的隐含控制机制。

降低描述层次

　　人脑线路图详解存在的一个问题是描述过于详细却缺乏实用性。那么，用什么样的概念性词汇解释认知过程才合适呢？在探索纽厄尔和西蒙的假设上，传统人工智能旨在用操作符号表示的计算机程序来解释认知。

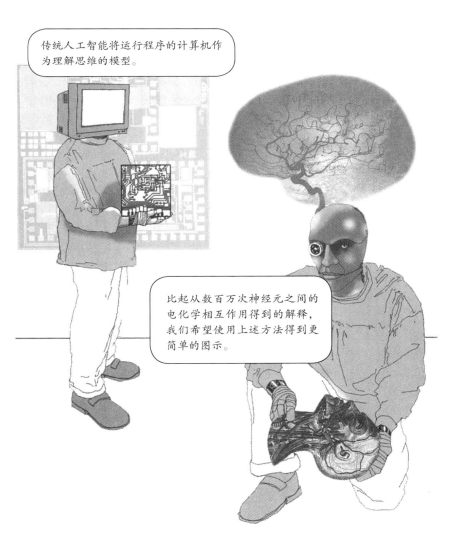

传统人工智能将运行程序的计算机作为理解思维的模型。

比起从数百万次神经元之间的电化学相互作用得到的解释，我们希望使用上述方法得到更简单的图示。

简化问题

因为人们意识到这个问题实际上难以解决，所以早期人工智能研究的高涨热情逐渐退却。例如，20 世纪 50 年代，人们最初认为机器翻译不成问题、完全可行。

全自动机器翻译，比如，将俄语译为英语，关键是构建合适的机械词典。

研究人员很快发现情况并非如此。

1963 年，在投资 2000 万美元进行机器翻译研究后，美国基金资助机构得出结论："机器翻译的前景短期内无法预测。"

面对这样一个难题时，人工智能研究人员首先会将问题简化，通常会采用两种简化方式。

分解与简化

　　幸运的是，人脑的认知功能不属于无法分解的复杂结构。许多人认为人脑结构很像一组互联的子计算机，一部分子计算机似乎是独立工作的，这对人工智能研究来说是个好消息。20 世纪 80 年代，心理学家杰里·福多（Jerry Fodor）提出，思维主要由一组特定任务的模块构成。

　　我们来看一下米勒－莱尔错觉的例子。线段 1 与线段 2 长度相等，即使线段 2 看起来仿佛比线段 1 长。尽管我们知道这两条线段的长度相等，但对这两个箭头的感知影响我们无法得出这个结论。感知"模块"工作时一定是脱离这个常识的。

模块基础

如果我们假设思维是模块化的，然后逐步击破，尝试了解每个模块直至构建出来，那么就可以通过模块基础的方法逐个实现人工智能理解、构建认知能力的目标。我们不是将认知模型置于真实的原生世界，而是采用更简单的方式，那就是构建一个简化的虚拟世界。微观世界就是这样一个简化的虚拟世界。

微观世界的目标是捕捉极其复杂的现实世界的相关部分。

通过对现实世界复杂无比的繁杂细节的提炼，微观世界让模型的构建更容易。

微观世界

典型的微观世界就是积木世界，一个由锥体等几何体的彩色积木构建的三维世界。

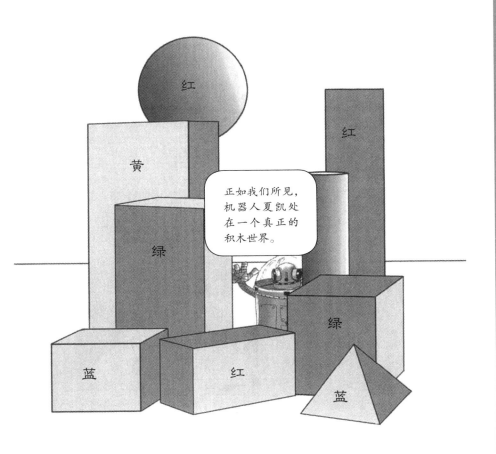

其他人工智能程序在虚拟的积木世界中运行，这是由计算机自己构建的世界。我们希望通过构建能够在微观世界中运行的机器，将同种类型的机器推广到更复杂的环境中工作。

早期成功：游戏比赛

国际跳棋、国际象棋一类的游戏为人工智能程序提供了理想的环境。玩这类游戏需要非常专业的能力；游戏呈现的微观世界规则严格、环境简单、结果可预测。人工智能在这些特性上发展迅速，因此游戏机器非常成功。

第一个与人类进行整场比赛的国际象棋程序是艾伦·图灵于1951年设计的。

不久之后，亚瑟·塞缪尔（Arthur Samuel，1901—1990）设计了一个国际跳棋程序。

这个程序很快就开始经常打败我。

自完善程序

这个程序能够从经验中学习，进步神速，很快就击败了一位国际跳棋冠军。1965 年，这位冠军被打败后说……

比赛在最后阶段进行得非常激烈，自从 1954 年我输掉上一次比赛以来，我还没有遇到过这样的对手。

这个机器战胜人类的案例被广泛引用。它给了我们启发：人工智能体的能力不一定受限于设计者的能力，比如塞缪尔设计的程序就比他更擅长国际跳棋游戏。

游戏的内部表示

大多数游戏机器是通过构建博弈树这一符号表示来工作的。从一开始，博弈树就详细说明了游戏发展的所有可能。符号表示的方法是：用一个符号表示白棋，另一个符号表示黑棋。

使用这些基本符号以及棋盘的表示法，我们可以在计算机上展示棋局。

例如，这是三连棋游戏（画圈—打叉游戏）博弈树的一部分。

位置1

第一步
（人）

第二步
（计算机）

第三步
（人）

博弈树显示了两条可能的路径，这两条路径就代表两种可能的结果。

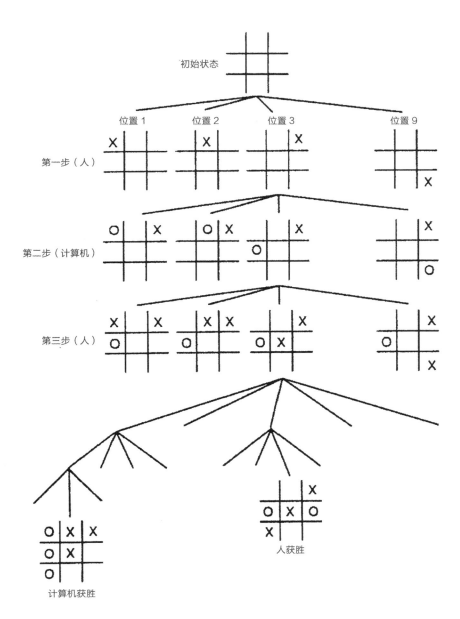

不同于人类，计算机可以轻易地生成博弈树并存储下来。使用这种内部的表示法，我们就可以准确预见每步操作带来的结果。

"搜寻空间"的蛮力探索

　　三连棋游戏操作难度不大，大多数人很快就能意识到可以采用简单的策略来保证至少是平局。

同样，很容易就能设计一个达到这种能力水平的计算机程序，因为这个游戏的博弈树相对较小，只包含362880个可能的棋局。

　　通过生成完整的博弈树，计算机总是能够根据预见的棋局做出正确决定，就可以保证胜局或平局。一旦你能看到所有可能展开的棋局，游戏结局便毫无悬念了。

无限的国际象棋空间

　　比起国际象棋，三连棋游戏的棋局数量显得微不足道。世界著名的国际象棋大师加里·卡斯帕罗夫（Garry Kasparov）一语中的，指出了困难所在。

国际象棋可能的走法比全宇宙的原子还要多，多得无法计算。

　　对于国际象棋，向前看几步都很难，因为走法组合太多而无法全面考虑。国际象棋的博弈树整个宇宙都放不下，更不用说计算机的存储器了。

借助启发式算法

在国际象棋中，棋盘上的优势位置就潜藏在博弈树上。国际象棋计算机搜索不到这些位置，因为要花费太长时间，所以它们只向前看几步。之后它们会借助某种方式评估每个给定位置的优劣，对其进行排序，最终选择最佳位置。

给每个位置打分，以此排序……

使用评价函数计算分数，分数反映位置的优劣。计算分数时，考虑战术知识，例如，不能丢子以及更高级的战术策略。

这些战术法则叫作启发式算法，应用于各种人工智能系统。启发式算法不能确保成功或正确，但提供了一个很好的近似结果。在难以使用更详尽、更精确的方法处理时，就可以使用启发式算法。

深 蓝

　　机器战胜人类最富有传奇色彩的案例就发生于 1997 年。美国 IBM 公司特制的国际象棋计算机深蓝（Deep Blue）击败了世界冠军加里·卡斯帕罗夫。这是人工智能发展史上一个里程碑事件。

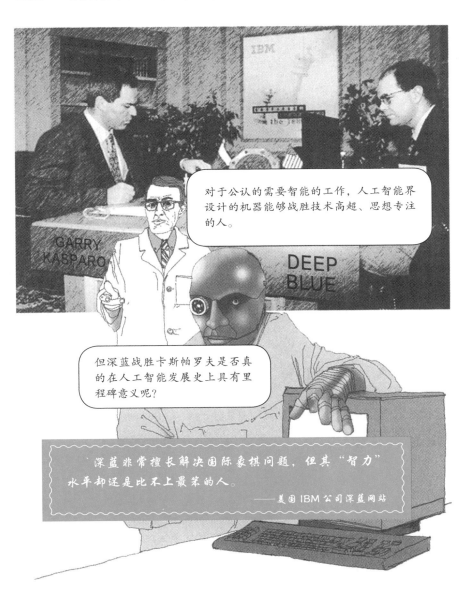

对于公认的需要智能的工作，人工智能界设计的机器能够战胜技术高超、思想专注的人。

但深蓝战胜卡斯帕罗夫是否真的在人工智能发展史上具有里程碑意义呢？

　　深蓝非常擅长解决国际象棋问题，但其"智力"水平却还是比不上最笨的人。

——美国 IBM 公司深蓝网站

缺乏进展

国际象棋计算机几乎没有解释机械化认知问题，毫无顾忌地依赖于自己每秒能够思考数亿步棋的能力。然而，卡斯帕罗夫每秒最多思考三步棋。所以，深蓝赢在蛮力，而非大脑。

一些人工智能研究人员提到，深蓝只是人工智能少数成功案例之一，这标志着人工智能缺乏进展。

深蓝显然靠的是机械诡计而不是敏捷思维。

人工智能研究人员一开始大力吹捧深蓝的成功，之后却不得不承认人工智能在复制东西甚至接近人类认知的研究上缺乏进展。

给机器灌输知识

比起三连棋，我们的世界更像是象棋。我们永远不能计划太远，因为日常生活中的可能性多得无法想象。

国际象棋计算机依靠的是编码到评价功能中的知识……

就像我们拥有应对复杂环境的知识一样。

逻辑与思维

知识形式化的想法并不新鲜。几个世纪以来，思维一直被看作基于逻辑推理的计算，纽厄尔和西蒙的物理符号系统假说的依据来源于哲学家托马斯·霍布斯（Thomas Hobbes，1588—1679）的研究。

霍布斯说的"字部"就是思维的基本单位，正如符号是纽厄尔和西蒙的物理符号系统假说中的基本要素。

霍布斯认为思维仅仅是对基本单位的句法操纵……

而这些基本单位组合在一起，就成为能够描述知识与思维所需的丰富结构。

人在推理时，只是累加字部，思考出总和。

数学家、哲学家戈特弗里德·威廉·莱布尼茨（Gottfried Wilhelm Leibniz，1646—1716）进一步发展了霍布斯的理论，他成功找到一个合适的字部系统，也就是一种逻辑语言。莱布尼茨想象用这种语言写下人类已知的一切，将其命名为"万能算学"。

逻辑推理需要操纵用逻辑语言描述的句子。这些句子可以理解为对事物状态等概念的表示，或者是对知识的表示。人工智能使用计算机实现这个过程的自动化，将"逻辑即思维"的想法付诸实践。

CYC 项目与人工智能系统的脆弱性

虽然许多思想家已经探究了逻辑与思维之间的关系，但很少有人像道格·莱纳特一样大胆地将自己的想法转化为工程项目。道格·莱纳特从事人工智能研究，是 CYC 项目的负责人。CYC 项目（CYC 这个名字来源于"encyclopedia"一词，意为百科全书）始于1984 年，这样的项目史无前例，因为它的目标是赋予机器以常识。莱纳特称这个项目为"人类对大规模本体工程的首次尝试"。这个为期20 年的项目花费了数百万美元，收集了 1 亿多条事实资料。

CYC-AI

　　CYC 旨在通过编撰我们共享的常识背景来缓解脆弱性问题。关于这项任务的难度，莱纳特发表了看法……

由于数千年的文化进化与生物进化以及人类早期的共同经历，许多前提假设已经成为隐性知识。

要实现机器能像人类一样灵活地分享知识，就需要以某种明确可计算的形式表示这些前提。

　　有人将莱纳特的项目与莱布尼茨的项目作比较。那么，人类的大部分世界观真的能用某种形式的逻辑语言表示吗？下文我们将会谈到，人类的隐性知识可以实现形式化的想法具有争议性。

CYC 项目能成功吗？

  CYC 项目正处于最后阶段，莱纳特预测项目成功的概率有一半。如果 CYC 项目成功，除了能够带来实用价值，也可以实现检验纽厄尔和西蒙的假设这一理论目标。常识真的可以通过使用符号表示来实现形式化与自动化吗？

  对基于逻辑的系统存在的不足，常用的一个辩驳理由就是"只需要再多一个规则"来防护。研究人员没有质疑整个工程项目，而是倾向于沿袭霍布斯关于知识形式化的权威观点。

认知机器人：夏凯

　　自主移动机器人夏凯是成功结合多种人工智能技术的典范。不同于埃尔茜，夏凯有大量内部活动，是第一个被计算机控制的机器人。20世纪60年代末，它诞生于斯坦福研究所，尺寸与冰箱差不多，依靠底部的几个小轮子移动。

我在行驶时主要靠的是电视摄像机，此外还需要光学测距仪、撞击探测器的协助。

由于硬件重，夏凯移动时容易晃动，夏凯（Shakey，意为"晃动的"）这个名字也因此而来。

夏凯所处的环境

夏凯处在一个简化的环境，由几个通过走廊连接的房间组成。房间里空荡荡的，只放有几个盒子一样的物体。

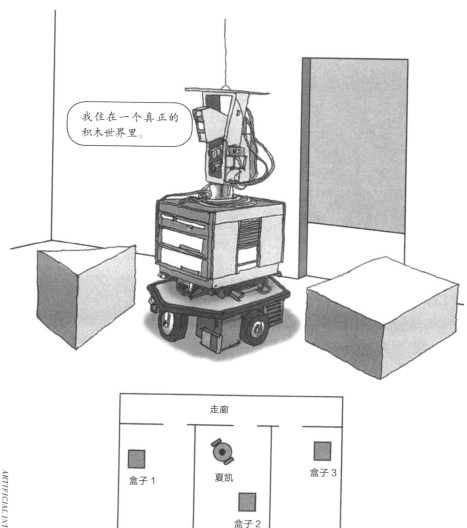

因为所处环境是特别安排的，所以夏凯能够使用机器视觉系统准确地判断出物体的位置。

感知—建模—计划—行动

夏凯的设计反映了智能体应该分解为四个功能部分的传统观点，这就是感知—建模—计划—行动的循环模式。首先，智能体感知外部世界；其次，在感知输入的基础上构建外部世界模型；最后，使用该模型做出计划用来指导智能体如何在外部世界中采取行动。

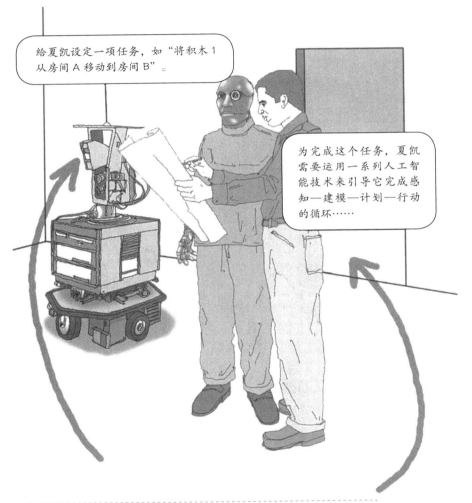

给夏凯设定一项任务，如"将积木 1 从房间 A 移动到房间 B"。

为完成这个任务，夏凯需要运用一系列人工智能技术来引导它完成感知—建模—计划—行动的循环……

- 运用机器视觉技术确定盒子的位置。
- 计划路径，向目标位置移动。
- 用更高级的符号将给定任务分解为有序、可管理的计划。

计划的限制

　　按照计划绕过周围的积木，夏凯就可以完成设定的目标。例如，要完成制订的计划，可能需要放置一个楔形积木作为斜面，借助斜面将一个积木放在另一个上面。由于重心不稳，夏凯移动时轮子容易滑动，因此它在行驶时方向会不准确。

　　夏凯制订计划的能力很有限。在实施计划后，夏凯基本上不理会来自真实世界的反馈。例如，如果有人悄悄移走了夏凯想要拿到的积木，它就会不知所措。

新一代夏凯

　　研究人员努力缓解夏凯面临的问题，新一代夏凯有了改进，采用了低级别的运动监控系统以实现更准确的同步。

夏凯的局限

　　夏凯集成了多种子系统，这是一个了不起的壮举，即使这些子系统最初不是为夏凯设计的。整个循环，从感知到建模、计划及行动，最后再到错误校正，达到了前所未有的水平。

　　机器视觉系统能够做出预测，而计划系统只需要处理积木的移动。

夏凯如果处于更复杂的环境，现有的技术就无法应对。

夏凯在某些方面机灵过头，做的事太多了。

通常，我在制订计划、规划路线时会停顿几分钟。

夏凯目前所处的环境还相对简单，在面对更复杂的环境时，它会遇到更多的问题。

联结主义的立场

　　运用计算机运行程序的隐喻，传统人工智能试图用符号表示的操作解释认知。思维操纵符号表示与程序操纵数据的方式相同。

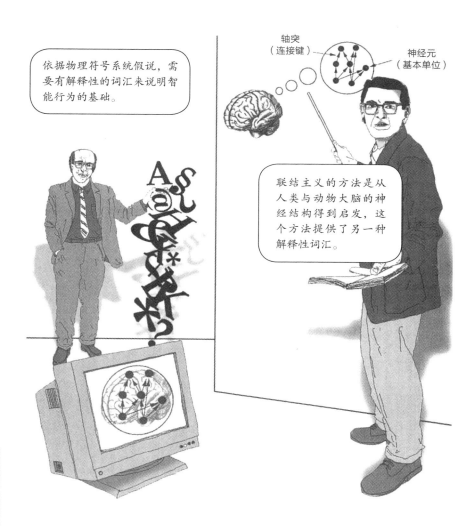

　　20世纪80年代，联结主义得到普及，并且经常被称作严重背离了人工智能的经典符号法。联结主义不是将思维过程视为计算机程序，而是将思维过程等同于大脑活动。

生物学影响

从支持认知的生物系统中，我们能够看到由神经元集合构建的大小各异的大脑。

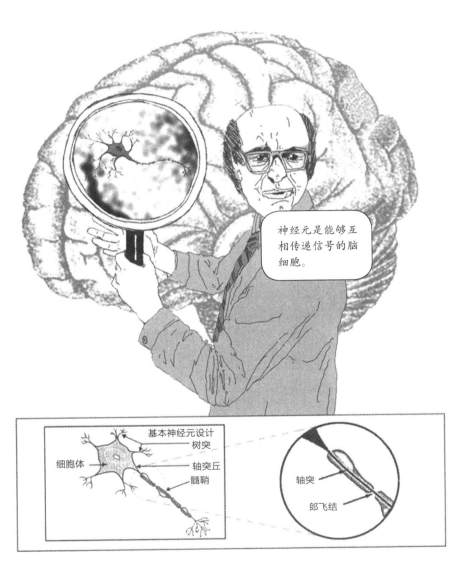

人脑大约有 1000 亿个神经元，平均每个神经元通过轴突这种类似电缆的结构连接大约 1 万个其他的神经元。

神经计算

正如上文所述，神经元集合可以充当计算设备，麦卡洛克和皮茨的研究表明，神经元网络可以与图灵机执行相同的计算。

神经网络

联结主义模型通常采用人工神经网络的形式，简称神经网络。神经网络是用于执行部分计算的人工神经元组合，越来越为人所知。

比如，科幻影视系列《星际迷航》中的人物经常谈论星际飞船"企业号"计算机里的神经网络。

剖析神经网络

　　神经网络的构成要素是生物神经元的简化结构，叫作激活单元。这些单元有一组输入连接、一组输出连接，这些连接起到了轴突的作用。

生物可解释性

人们常常忽视一点，神经网络是真实人脑中神经网络的高度抽象化版本。激活单元仅仅是与真实神经元大体相似。

然而，令人惊讶的是，尽管人工神经网络仅仅是对真正神经网络的大致简化，但两者的基本性质却相同。

分布式并行处理

计算机的信息处理速度比人脑快。计算机处理器的基本组件比生物神经元传递信息的速度快得多，神经元每秒最多可发送 1000 个信号，而计算机电路比神经元快 100 万倍。

然而，人脑在执行极其复杂的操作时速度非常快——只需要 0.1 秒就能辨认出自己的母亲！

并行计算与串行计算

　　绝大部分数字计算机执行串行计算算法。例如，计算（1＋4）＋（4×8）的结果，串行计算机首先计算 1＋4 得到 5，其次计算 4×8 得到 32，再计算 5+32 得到最终结果 37，运算被分解为一系列逐个执行的子计算。而并行计算是同时计算 1＋4 与 4×8，因而所需的运算时间较少，这一运算由并行的子计算构成。

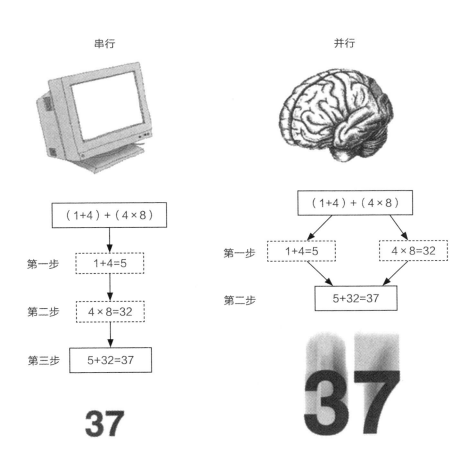

串行　　　　　　　　　　　　　　　　　　并行

　　人脑是大规模并行处理的，而大多数计算机是串行逐位处理的。这就解释了为什么人脑速度如此快，纵然执行简单操作时速度相对较慢。神经网络的并行性使得联结主义模式具有吸引力，其处理任务的方式更接近于人脑。

鲁棒性与优雅降级

故意损坏主处理机的任何部分，即使是轻微的，计算机都无法工作。常规的计算机鲁棒性都不强。相比之下，轻微的脑损伤很少会致人死亡，甚至可能不产生任何影响。事实上，衰老本身就会导致神经元不断死亡。

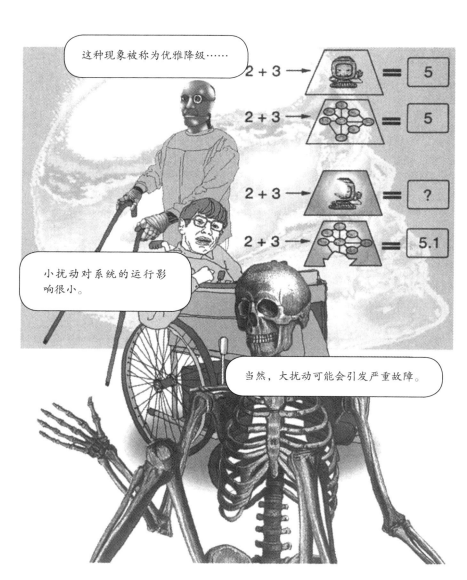

重点在于，降级程度在某种意义上与系统的损坏程度成正比。神经网络正是如此，因为每个神经元都充当一个独立的处理器。

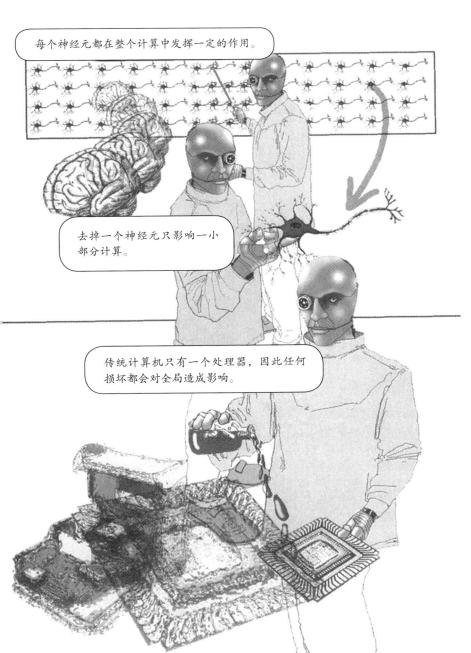

每个神经元都在整个计算中发挥一定的作用。

去掉一个神经元只影响一小部分计算。

传统计算机只有一个处理器，因此任何损坏都会对全局造成影响。

机器学习与联结主义

机器学习是人工智能的一个分支，涉及经典的符号法与联结主义。在这种学习模型下，机器成为行为主体，能够根据环境中的信息自我改进。通常，联结学习能力是人工智能的一个定义特征，这一特征也最吸引人工智能研究人员。

但重要的是，符号法同样适用于学习。神经网络学习法是人工智能领域需要长期研究的一个核心问题。

神经网络学习

我们已经使用神经网络学习机制解决了各种各样的问题。在先前经验的基础上，通过改变激活单元之间的连接强度，我们可以训练神经网络来学习经验模式之间的关联。例如，神经网络已被用于解决以下问题：

做出抵押决策

你在申请抵押贷款时，很可能会依赖神经网络给出的结果做决策。

抵押贷款公司已经用成千上万的抵押决策案例训练了神经网络。

目的是预测哪位顾客受欢迎，哪位不受欢迎。

识别声呐回声

神经网络已被证明在识别声呐回声方面比人类专家还出色，可应用于潜艇来探测岩石与矿藏。

学习发声

网络发音器的神经网络学习如何从音素（语音的最小单位）产生语音。

就算是之前从未遇到的生词，网络发音器也能够非常准确地发音。

[C] [A] [T]

[R] [A] [T]

[R] [O] [T]

玩国际跳棋游戏

神经网络已经接受玩国际跳棋游戏的训练，正如前文所述，这是传统上使用符号方法解决的人工智能经典问题。

机器人大脑

许多机器人依靠神经网络操控自己的运动，根据传感器信息做出反应。例如，学习如何避开障碍物。

局部表示

符号表示是传统人工智能的核心。在符号系统中，模型先将信息单元分流，之后进行操作。

比如，识别动物的符号模型就可以用信息单位表示候选动物的腿数。

这条信息会以软件包的形式存储在计算机的内存中。

这被称为局部表示，因为腿数信息统一保存在可查寻的软件包里。

分布式表示

　　神经网络信息处理的类型可能与符号系统的类型有本质区别。处理是分布式的，表示通常也是分布式的。分布式表示遍布整个网络，而不局限在特定区域，也不是由原子单元构建而来的。

信息不是存储在特定位置，而是存储在任何地方。

信息与其说是"被找到的"，不如说是"被唤起的"。

　　当然，神经网络自身是由作为原子单元的人工神经元构建的，但设计者很少用这些单元表示任何内部构成。

复杂活动

因此，在分布式表示中，几乎不可能用单个神经元表示候选动物的腿数，腿数应该用大量神经元的复杂活动模式表示。一部分神经元用来表示系统中的某种其他属性。

许多符号表示共享多个神经元，并作为神经活动复杂网络的一部分而存在。

哲学家路德维希·维特根斯坦（Ludwig Wittgenstein，1889—1951）已经预测了分布式神经活动……

我认为，很可能有一天人们会有一个清晰的观点：神经系统中没有与特定思维、想法或记忆相对应的副本。

解析分布式表示

　　一般说来，分布式表示让你无法用手指指向特定的具体信息，而局部表示却能够让你做到。

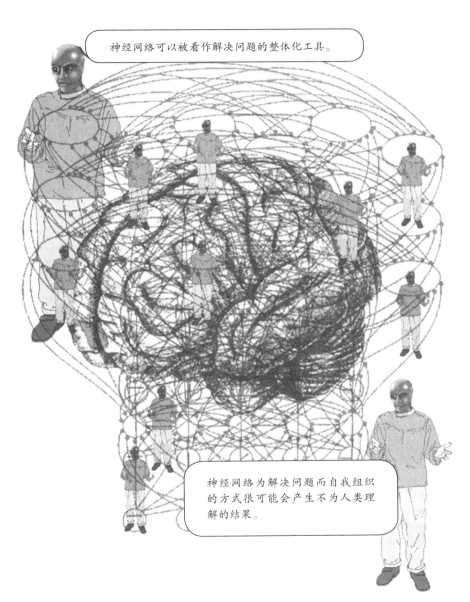

神经网络可以被看作解决问题的整体化工具。

神经网络为解决问题而自我组织的方式很可能会产生不为人类理解的结果。

互补方法

联结主义经常被描述为一场人工智能革命，因为它针对旧问题提出一系列新思想，及时取代了"传统过时的人工智能理论"。从历史上看，联结主义与符号人工智能都源于人工智能的早期研究。艾伦·图灵没有参照麦卡洛克和皮茨的研究，而是考虑将人工神经元集合作为计算设备。

正是由于历史上的这次偶然事件，符号人工智能成为一个特别的概念性词汇，长久以来都是如此。尽管各对立阵营仍不断为此争论，但大多数人目前都认可这两种方法可以相互补充。

神经网络能思考吗?

　　塞尔的中文屋论证源于我们今天了解的计算机只能操纵没有意义的符号这个观点。机器根本不可能理解它操纵的符号。不管你是否同意塞尔的论证,这个问题仍然是一个谜。然而,有两个原因表明联结主义可能有助于解决这场争论。

第一,神经网络实现物理实例化后与传统计算机有本质的差别……

并且,论据就是传统物理机械在支持理解方面存在不足。

第二,在联结主义系统中,计算在子符号系统中进行,计算与符号原子之间的关系不够清晰。

中文体育馆

　　不出所料，塞尔韧性十足，坚定自己的立场，以中文体育馆的例子回击。这次可不是只有他自己一个人的屋子，而是他设想的一座体育馆，到处都是不懂中文的人，每个人都代表神经网络中的一个神经元。

然而，中文体育馆这个例子的确可以说明整体可以大于各部分之和。在子符号系统中，原子单元、神经元，以及它们与其他神经元的结构关系，单个来看根本不起多大作用。只有在它们联结为一个整体时，我们才能谈论分布式表示、认知等概念。

因此，神经网络具有上文讨论过的显现性与自组织性。

符号根基问题

塞尔的论证是关于被操纵的符号无法表达任何意义。在传统计算机领域，符号本身就是通过电活动模式实现的无意义形态。我们赋予符号的任何含义都源于人脑。

心理学家斯蒂文·哈纳德（Stevan Harnard）将此描述为符号根基问题。

只有当系统的一部分建立在外部世界的基础上，而不是成为封闭的、自我指代的符号系统的一部分时，系统才具有意义。

哈纳德认为，联结主义是实现这个目标的一个好的候选办法，特别是在与符号系统结合时。

符号根基

首先，设想有一个以英语为母语的汉语学习者，手中只有一本汉语词典。哈纳德将此比作一位密码学家在破译密码。

你或许能够破解中文，但这要建立在你对母语理解的基础上。

对于你学到的所有汉语，其含义都建立在英语的基础上。

打破循环圈

如果将中文作为第一语言，你能只靠汉语词典就学会吗？哈纳德将此比作符号－符号循环圈。

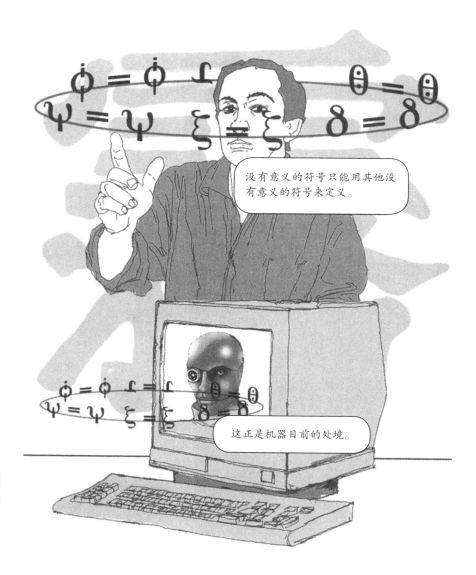

没有意义的符号只能用其他没有意义的符号来定义。

这正是机器目前的处境。

符号如何才能建立在无意义符号之外的其他东西的基础上？解决赋予符号意义的问题需要打破这个没有意义的循环圈。

哈纳德构想了一个建立在子符号联结主义系统上的传统符号系统，重要的是，联结主义系统的输入通过传感器建立在外部世界的基础上。通过这种方式，符号表示就不再需要用其他符号来定义，而是与直接连接系统感官表层的图像表示建立联系。

狗这个符号的意义来自对狗所共有的感官印象的综合……

而不是其他没有意义的符号，比如，吠叫、有四条腿，以及嗅觉灵敏。

　　正是联结主义系统提供了感官图像。哈纳德相信，通过将符号系统与联结主义系统结合起来，人类可以逐步打破塞尔讨论的无意义符号构建的封闭世界。

人工智能失败了吗？

　　人工智能研究持续了半个世纪，但事实上，这项研究的成果没有达到预期。可以说，对于制造出能够与人类认知能力相当的机器这一目标，我们甚至都没有接近。心理学家、哲学家杰里·福多对这个问题做了总结。

人工智能已经应用在三维国际象棋游戏中，却还是三连棋游戏的思维方式。

或者正如麻省理工学院的罗德尼·布鲁克斯（Rodney Brooks）所言……

人工智能已经失败……传统人工智能所依据的符号系统假说存在根本性缺陷……

由于人工智能缺乏进展，实践者开始反思：是现在使用的人工智能方法错误，还是我们即将有所突破？许多研究人员相信第一种说法，并且积极探索人工智能的新方向。

……认知主义范式忽视了智能体生活在真实物质世界中的事实，这导致它在解释智能方面存在重大缺陷。
——罗尔夫·普法伊费尔（Rolf Pfeifer）和克里斯蒂·斯凯耶尔（Christian Scheier）

人工智能分析智能体高级认知过程时忽略了智能体所处物理环境的复杂性，这样的分析已被确定为最深层问题的根源。

新人工智能

> 我们过去总是在争论机器能否思考。答案就是"不能"。思考的主体是一个整体，可能包括计算机、人，以及环境。同样地，如果我们问人脑自己能否思考，答案也是"不能"。进行思考的是包括环境和人在内的整个系统中的人脑。
>
> ——格雷戈里·贝特森（Gregory Bateson）

由于这一观察，人工智能研究采用了一套新原则。这个新方向还不够成熟，没有一个常用的命名，但通常被称为新人工智能。

这些新原则不是毫无根据的猜测，它们在工程项目中成效显著。

但在审视新人工智能之前，重要的是要分析人工智能传统方法存在的一系列问题。

微观世界不同于日常世界

在人工智能研究中，用简化的微观世界来检验理论是一种常用的方法。在这里，研究人员将他们认为的真实环境的重要特征浓缩在虚拟环境中。

衡量人工智能项目成功与否的根据是，人类在日常生活中如何执行相同的功能。

人工智能项目很少被置于人类所面对的情形中。

微观世界不是真正的世界，而是没有意义的孤立领域，并且这些领域也无法组合扩展为日常世界，这一点越来越明晰。
——休伯特·德赖弗斯（Hubert Dreyfus）和斯图尔特·德赖弗斯（Stuart Dreyfus）

传统人工智能的问题

可扩展性

一个系统或许可以在微观世界成功运行，但应用到更复杂的情况却往往失败。

假定人工智能的一个目标是建立智能行为的一般理论，那么缺乏可扩展性就会严重阻碍这个目标的实现。

鲁棒性

　　对不可预见的情况反应能力不强是许多人工智能系统的一个共同特性，也是 CYC 项目要解决的问题。人工智能系统面对新情况时往往会失败。那么，设计一个能够应对所有可能的稳健系统就非常困难。然而，人类与动物却很少被这个问题难住。

实时操作性

基于传统智能体设计的"感知—建模—计划—行动"循环模式需要处理大量的信息。在对环境中的变化做出反应之前，感官信息必须经过建模—计划—行动的复杂过程，而复杂的信息流循环造成了智能体难以与现实世界同步，夏凯就是一个典型的例子。

在处理复杂信息时，我总会停顿很久。

相比之下，人类与动物对周围发生的事件反应非常迅速。

这表明人类与动物采用的不是"感知—建模—计划—行动"模式。

在某种意义上，创造智能体的问题早就已经解决了。在地球 45 亿年的历史进程中，进化已经一次次地解决了这个问题。哺乳动物于 3.7 亿年前在地球上出现，人与猿最近的共同祖先在大约 500 万年前就开始在地球上繁衍生息。

进化究竟是如何解决这个问题的呢？

生物进化是在偶然的情况下以已有设计为基础不断改进的。

从最基本的一点说起，动物能够在环境中生存繁衍，是数百万年的进化赋予了动物一层层的运作机制。

进化的新论证

麻省理工学院的机器人专家罗德尼·布鲁克斯指出，一旦有了进化基础，推理、计划、语言等难题可能就更容易理解了。

智能依赖于对环境做出反应的能力。

关于进化的知识可以对人工智能有所启发吗？布鲁克斯相信是可以的，并且他认为我们在尝试建造机械人之前首先应该建造基本的机械生物。

生物学论证

　　自 19 世纪以来，生物学家就已经关注并研究生物与环境之间的紧密关系。然而人工智能很少从生物学家的研究中得到启发。例如，温贝托·R. 马图拉纳（Humberto R. Maturana）和弗朗西斯科·J. 巴雷拉（Francisco J. Varela）的研究发现，青蛙视网膜中的神经回路在类似飞蝇的斑点状结构出现时会兴奋起来。

在研究青蛙的行为时，我们可能会将青蛙当作一个"世界的内部模型"，其中包含飞蝇以及其他青蛙。

　　但这根本不是青蛙日常世界中的现象。

非认知行为

　　马图拉纳和巴雷拉用实验来说明这一点。首先，在青蛙视野的左上方区域放一只果蝇。

青蛙马上就吐出舌头捕到果蝇。

　　接下来，他们遮住青蛙的一只眼睛，这样剩下的一只眼睛就可以旋转180°。

现在在同样的位置放一只果蝇，青蛙的舌头正好偏离180°，吐到视野的右下方。

　　重要的是，青蛙会继续重复这个行为。即使没有成功地捕到果蝇，它也绝对不会改变自己的行为。

这个实验表明，青蛙的眼睛不能像摄像机那样为青蛙的计划模块提供信息，那么计划模块也就无法获得制订捕蝇计划的信息。

然而，正如马图拉纳和巴雷拉之后演示的那样，捕蝇行为依靠视网膜本身完成，与青蛙大脑的其余部分正在进行的过程无关。这个实验说明，觅食这一类行为通过感知与行动的紧密结合来实现，不依赖甚至不需要任何高级的认知过程。

哲学论证

　　人工智能的许多核心概念源自哲学家的研究成果，如前文提及的笛卡尔、霍布斯、莱布尼茨，此外还有路德维希·维特根斯坦的《逻辑哲学论》。

反对形式主义

　　维特根斯坦在其后期哲学中强烈反对意义的形式化假设，马丁·海德格尔（Martin Heidegger，1889—1976）也是同样的立场。

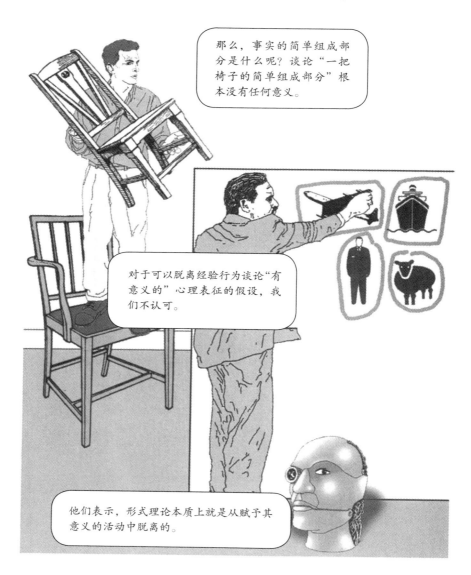

　　这种哲学观点表明，我们不可能明确地解释世界，任何这样的尝试都会导致我们的见解更加不准确。

无实体智能不存在

　　人工智能遭受的最激烈的一次批评就是因为这个论点。20 世纪 70 年代，哲学家休伯特·德赖弗斯谈到，人工智能已经被"无实体智能是可能的"这个假设误导。对于传统人工智能显而易见的失败，德赖弗斯指出……

理性主义传统最终没有通过实证检验。构建常识世界的形式基础理论，以及通过操作符号表达这个理论，已经陷入海德格尔和维特根斯坦发现的困境。

现实世界中的智能体

　　人工智能可以从这场哲学争论中学到有用的东西吗？如果海德格尔、维特根斯坦和德赖弗斯抵制无实体智能是正确的，那么人工智能必须现在就开始关注智能体的行为如何受限于以及一定程度上取决于它所从事的活动。

这就表明，智能体不应该设计为无实体的、分离的、孤立的，而是应该与日常生活紧密联系。

最开始德赖弗斯的批评还受到人工智能界的嘲笑，现在却已逐渐成为一个值得探讨的话题。

新人工智能

进化论、生物学、哲学的观点往往与传统人工智能的多数研究对立。然而，这些论点要付诸实践，就需要转化为工程原则。人工智能的新方法体现在三个原则。

第一原则：实体化

实体化的重要程度仍然具有争议。罗德尼·布鲁克斯表示，"智能需要躯体"。例如，机器人的躯体结构设计将决定它对外界的感知。

实体化就是具有一个理论上十分重要的实体。

也就是说，智能体的实体约束对于智能体与外界的交互十分关键。

第二原则：情境性

　　情境性指的是智能体处在复杂的环境中，而不是高度抽象的微观世界。真实环境与抽象"微观世界"的复杂性截然不同。实际上，智能体处于真实环境中可以利用环境结构，这样就能减轻内部表示的负担。

沃尔特的乌龟机器人埃尔茜就是利用了盒子里的充电装置。

埃尔茜自己没有调用盒子模型，实现这个模型的功能是埃尔茜的传感器与现实世界交互的结果。

罗德尼·布鲁克斯将这种关系总结为"世界是机器人最好的模型"。

第三原则：自下而上的设计

要实现构建智能体的目标，人工智能通常采用自上而下的方法。

也就是说，首先以知识、推理等高级功能为目标，之后再考虑较低级的功能。

新人工智能提出了自下而上的设计方法。首先从基础部分开始……

例如，罗德尼·布鲁克斯制造了模仿昆虫的基础机器。他认为，我们只有先理解基础的东西，才能开始理解复杂的人类认知。

基于行为的机器人技术

　　罗德尼·布鲁克斯将新人工智能的三个原则付诸实践。他率先采用了一种方法，名为基于行为的机器人技术。

> 我想要构建完全自主的移动智能体，它们与人类共存在世界上，并且凭借自身能力让人类认为它们是智慧生物。我会给这样的智能体取名为"创造物"……

布鲁克斯如何使用自下而上的设计成功构建模仿昆虫的简单机器人呢？

作为设计单位的行为

进化逐层叠加，是一个递增式的过程。进化可以对现有设计进行微调、改进，以产生新的设计。

基于行为的机器人技术就是受到这种方法的启发，其设计单位是行为。

行为逐步叠加产生更复杂的行为。不同于许多以"感知—建模—计划—行动"模式为起点的传统机器人，布鲁克斯的机器人内含一组自主的、并行运行的机械元件。机器人内部没有中央控制，这些行为的实现是通过感知与行动的紧密结合，而避免将认知过程作为感知与行动的媒介。

机器人成吉思

20 世纪 80 年代，布鲁克斯和他的同事制造了一个六足机器人"成吉思"。成吉思被设计用于穿越充满挑战的环境，寻找人类与其他动物发出的红外线。成吉思的成功体现在两个方面。

第一，我能够像昆虫一样越过复杂地形。

在研究昆虫运动的录像后，我制造了一台能够像昆虫一样成功移动的机器。

第二，布鲁克斯使用新技术实现了这一目标。

成吉思内部没有中央控制，它的构造中没有一个模块描述如何走路。"成吉思的软件不是单个程序，而是由 51 个微小的并行程序组成的。"

设计的行为

　　成吉思由许多简单的自主行为组成，层层控制，每一层都引入了更完善、更可控的行为。

例如，一层负责站立的行为。

另一层负责行走的基本动作，如腿部摆动、协调。

其他层负责提升机器人成吉思的鲁棒性。

　　成吉思的结构是根据它需要应对的地形环境来设计的，它的行为受到躯体局限的强烈影响。

智能体集合

　　尽管新人工智能的原则大多已直接应用在机器人领域，但绝不表示这些原则的适用范围仅限于此。将这些原则应用于人工智能的各个分支能够促进智能体与环境更紧密地交互。布鲁塞尔大学人工智能实验室主任吕克·施特尔斯（Luc Steels）通过研究智能体集合中意义与沟通系统的进化，提出了另一种"自下而上"的方法。

在这种方法中，人类设计者不是将自己的语言与概念植入智能体中，而是尝试建立智能体自动生成语言与概念的系统。

传声头实验

传声头实验中的智能体独立于任何物理机器人而存在。它们处于计算机网络支持的虚拟环境中，计算机网络延伸到各个物理位置。智能体在需要交互时，便被远距离传送到布鲁塞尔、巴黎或伦敦的机器人躯体中，进入现实世界。

传声头由一台摄像机、一个扬声器和一个麦克风组成。传声头充当机器人躯体，虚拟智能体需要时可以使用。

物体分类

实验的目的是研究智能体之间的交互作用如何产生一种共同语言。关键在于，实验没有定义语言，语言的产生是智能体之间交互作用的结果。智能体从零开始，自主地发展属于它们自己的"本体论"，即一种在世存有的感知，借此它们就能够识别、区分现实世界中的物体。

一旦智能体具备给物体分类的能力，它们就会尝试通过互相交流来命名这些物体。

智能体对世界的分类不是通过程序制定的，而是智能体自主构建、学习的结果。

命名游戏

　　施特尔斯的智能体通过玩语言游戏互动。选择两个不同的智能体，将其传送到同一个物理位置，这时语言游戏就可以开始了。两个智能体处于不同的机器人躯体内，从不同的位置观察同一场景。每个场景由一块白板上的若干彩色图形组成。

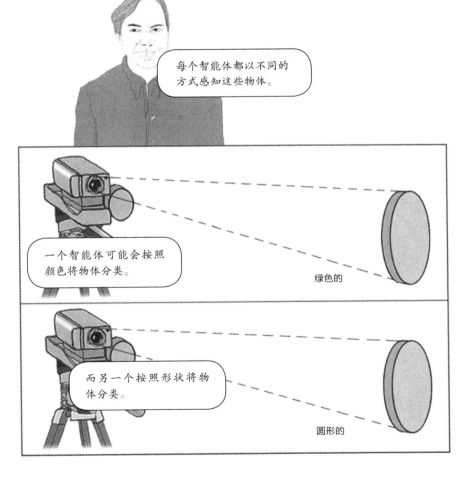

每个智能体都以不同的方式感知这些物体。

一个智能体可能会按照颜色将物体分类。

绿色的

而另一个按照形状将物体分类。

圆形的

　　因为智能体总是处于不同的位置，并且在生命周期内关注不同的对象，所以它们对世界的看法也不同。就这样，智能体形成自己的本体论。

一旦智能体可以对所处场景中的物体进行分类，它们就开始玩语言游戏了。两个智能体首先在语境上达成一致，语境就是它们观察场景的一部分。之后，通过构建能区分语境中物体的话语，两个智能体开始对话。

最初，话语是没有意义的声音，只是随机构建出来的，因此很难被其他任何一个智能体理解。

话语的意义取决于说话者如何看待世界，说话者或许会用"VIVEBO"这个词表示"The Green One"的意义。

主题

红色
正方形

绿色
圆形

智能体1
（说话者）

智能体2
（听话者）

机器人1号

机器人2号

"VIVEBO"
(The Green One)

??VIVEBO?!

反馈过程

然后，听话者试图理解对方所说"VIVEBO"的意义，并指出它认为的所指物体。

在这种方式下，依靠语言游戏中获得的反馈，智能体用于指称世界中物体的信号集要么被强化，要么被修改。

认知机器人的自组织性

传声头实验的重要发现是，智能体开发自己独特的内部方法对它们看到的世界进行分类。同时，它们通过外部交流商定一套共享词库。或许不同的智能体在谈论同一个物体时使用相同的词汇，然而表示的概念却不同。施特尔斯的实验说明了一个基于日常世界的交流系统如何通过智能体之间的交互产生，而不是用任何一个智能体来定义。

这种高级的自组织只能在多位智能体的背景下被理解，就如同现实世界中人类交互的情况。

每个智能体都参与到现象世界中，其他智能体的存在构成了这个世界的一部分。

人工智能实践者经常做出大胆预测。

> 到 2029 年，智能软件将基本被掌握，同时，一台普通个人计
> 算机的智能水平相当于 1000 个人脑。
>
> ——雷·库兹韦尔（Ray Kurzweil）

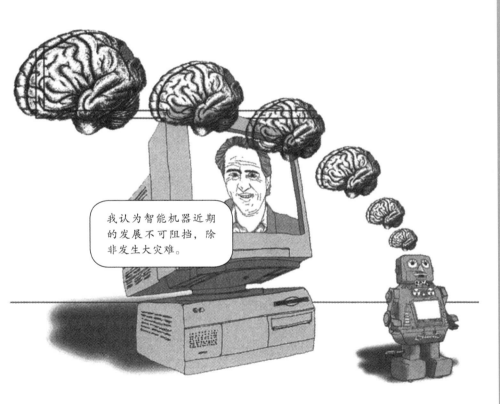

这一观点言之过早，因为迄今为止没有证据表明机器在任何方面都有接近人类智能的可能性。科学家习惯于预测未来研究会有突破。因此，我们不能对人工智能会在不久的将来实现目标这个宣言过分认真。

> 计算机技术出人意料地迅速发展成为主流，与此形成鲜明对比的是，机器人技术的所有努力付诸东流，没能达到 20 世纪 50 年代预测的目标。
>
> ——汉斯·莫拉维克

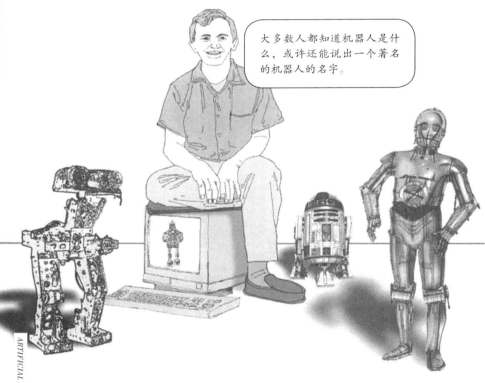

大多数人都知道机器人是什么，或许还能说出一个著名的机器人的名字。

然而，除了在汽车制造业等领域广泛使用的工业机器人，机器人很少出现在研究实验室以外的地方。真正发挥价值的机器人还未出现。

更近的未来

然而，有证据表明，机器人将更加普及，走出研究实验室，走进人们的日常生活。

因此，在讨论人工智能未来的前景时，明智的做法是考虑在不久的将来发展的可能性，再与研究人员更远未来的预期作比较。

索尼梦想机器人

　　2002 年年初，索尼公司宣布开发出了索尼梦想机器人（SDR），这是一台仿人机器人原型机。索尼梦想机器人的能力远远超过其他任何双足机器人。

　　行走机器人可以应用在家庭生活中，比常见的轮式机器人更适合做家务。

能歌善舞

　　索尼梦想机器人很强的鲁棒性给人留下了深刻的印象。行走机器人在此之前就已经被开发出来，但通常只能完成有限的行为模式，而且大部分都是由人远程控制的。

索尼梦想机器人跌倒后能像人类一样自己站起来。

索尼梦想机器人还能使用立体视觉系统避开障碍，而不是傻乎乎地直接撞上去。

　　索尼梦想机器人是面向娱乐市场的，它不仅能自由走动，还会唱歌、跳舞，以及识别面部与声音。

索尼公司的目标是让索尼梦想机器人和它的主人建立情感纽带，交流互动。

除了对人物与物体的短期记忆功能外，索尼梦想机器人四代还拥有长期记忆功能，通过与人深入地沟通来记忆面孔与名字。基于交流体验的情感信息也会存储为长期记忆。使用短期与长期记忆功能，索尼梦想机器人四代能够完成更复杂的对话与表演。

——索尼公司新闻稿

索尼梦想机器人只是个认真专注的机器人

　　虽然索尼梦想机器人令人印象深刻，但它真正地实现了人工智能通过建造机器来理解认知的目标吗？索尼梦想机器人这类项目的一个重要成果就是为探索其他人工智能技术提供了一个平台。布鲁克斯有一条名言"智能需要有躯体"，有现成可用的躯体十分有帮助。

例如，吕克·施特尔斯与索尼公司合作一个项目，将传声头实验与索尼梦想机器人四代结合起来。

目的是让索尼梦想机器人四代和它的主人建立自己的交流系统。

人与机器人通过口头交流对某一观点达成一致……

……开发基本的交流系统。

未来的可能性

　　基于广泛使用功能强大机械的预期可能性，著名机器人专家汉斯·莫拉维克已经详细预测了未来四代机器人。应该强调的是，一些人工智能实践者仅将这些预测视为科学幻想，因为到目前为止，几乎没有证据表明这在未来可能实现。

我总结的这条路径图大致概括了人类智能的发展，只是速度快了1亿倍。

这表明机器人智能将在2050年之前超越人类。

　　莫拉维克构想了四代通用机器人，之所以如此命名是因为未来机器人会十分普遍，就像今天的台式计算机一样。莫拉维克预测，一旦机器人变得实用且人们负担得起时，它们会比计算机的使用更普遍，而且会有更多用途。

莫拉维克的预测

第一代机器人

　　2010 年，计算能力达到 3000 MIPS（百万条指令每秒，计算机速度单位）的机器人将会得到广泛应用，这些机器人具有与蜥蜴相当的智能以及人形的躯体。

我们会做家庭清洁等粗重工作。

第二代机器人

2020 年，机器人的计算能力达到 10 万 MIPS，具有与老鼠相当的智能。

第三代机器人

2030 年，机器人的计算能力达到 300 万 MIPS，具有与猴子相当的智能。

第四代机器人

2040 年，机器人的计算能力达到 1 亿 MIPS，智能水平超过人类。

我们开始设计自己的后代。

这究竟是事实还是幻想呢？莫拉维克的预测非常大胆，许多人都不同意他的看法。人工智能的发展总是落后于更先进的计算机器的制造，因此莫拉维克的主张被视为绝对的最佳预见。

人工智能是一种新型进化吗?

　　假设强人工智能是可能的，而且我们相信一些著名科学家的预测，那么就将会出现一种新型进化。新型进化不是制造生物后代，而是制造汉斯·莫拉维克所说的思维后代，也就是超越人类的工程生物。

　　信息通过两种进化方式代代相传。

生物进化传递的是造人所需的信息，将这些信息编码到我们的基因中。

文化进化传递的是科学、宗教、艺术等概念与经验，这些信息通过存储代码、向他人学习的方式在人脑之间传输。

生物进化与文化进化都将信息代代相传。

许多人认为，通过设计人类自己的后代，人工智能可以产生人类物种的拉马克进化。与达尔文自然选择生物进化论不同，拉马克（Lamarck）的观点是，进化使人类将一生中获得的特性传递给后代。

如果你砍下一只手臂，这不会导致你的孩子也只有一只手臂。

"获得的特性"不影响基因，因此不会传递给后代。

确实如此，但如果我们能够在不考虑生物学的情况下设计进化呢？

脱离生物学的进化

　　我们可以通过设计改变后代的构造，获得的自我复制能力也会影响进化过程。这样，进化的速度可能会加快。

> 　　进化加快是因为基于再次进化的方式。人类已经战胜了进化，我们创造智能体的速度远远快于自身进化的速度。
> ——雷·库兹韦尔

文化进化将不依附于生物，而且速度会更快。

过去，我们倾向于将自己视为进化的最终产物，但我们并未停止进化，实际上正以更快的速度进化……基于富有创造性的"非自然选择"。

——马文·明斯基

如果人工智能将人类理解为机器的目标实现，我们就不再受自身生理机制的限制。从理论上来说，人类与最广泛意义上的智能机器的进化可以脱离生物进化的限制。

预　测

　　许多人认为，莫拉维克对人工智能未来的预测不太可能，而且他十分大胆地预测了通用机器人到来的时间。本书的开头已经指出，人工智能发展史有两条研究线索：机器人技术研究，以及对认知能力一般问题的研究。

机器人即将在许多领域得到广泛应用。

索尼、本田等大公司都在大力投资实用型机器人。

　　撰写本书时，一款一般家庭可负担得起的机器人吸尘器刚刚上市。机器人技术正走出学术研究实验室，进入全球市场，这让我们看到了人工智能的实质进展。像索尼梦想机器人这样先进的工程项目不太可能在完全学术的环境下开发出来。

机械化认知

赋予机器以认知能力是另一回事，而且仍是一个大问题。大多数人工智能实践者探索人工智能可能还会沿用传统及联结主义的方式。

如果没有新人工智能这个视角，我们就难以知道从何处取得突破。

两条道路在未来交会

如果定义新人工智能的原则被证实是深刻的见解，那么研究人工智能就需要将智能体置于更复杂的环境中，因为这样的环境能够反映人类与动物处理的各种情况。人工智能研究智能体的认知，但基本上没有意识到进化已经解决了这个问题。

传统人工智能目前还没有认识到智能体与环境交互的重要性。

许多人工智能实践者开始相信这种交互十分重要，充分做到这一点就需要努力研究机器人躯体或更复杂的微观世界。到目前为止，人工智能已将环境复杂性视为第二重要的问题。除了猜测，目前还没有其他更好的方法可以用来设计微观世界。

只有完全理解人与环境之间的交互，人工智能才会开始直击问题本质，真正地解决问题。

机器人技术与认知建模只有相互借鉴，最终才能交会。

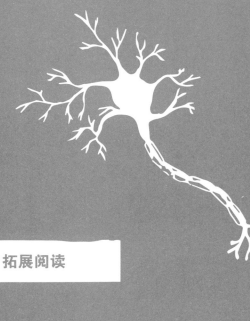

拓展阅读

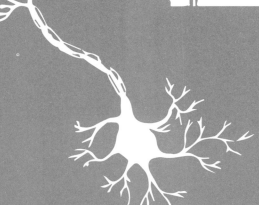

想要了解更多人工智能知识，以下精品书籍值得一读。

▶ Rolf Pfeifer and Christian Scheier, *Understanding Intelligence* (Cambridge, MA: MIT Press, 2001).

▶ Roger Penrose, *The Emperor's New Mind*: *Concerning Computers, Minds, and the Laws of Physics* (Oxford: Oxford University Press, 1989).

以下两部文集为几个关键的哲学问题提供了思路。

▶ Douglas R. Hofstadter and Daniel C. Dennett, *The Mind's I*: *Fantasies and Reflections on Self and Soul* (New York, NY: Basic Books, 1981).

▶ John Haugeland (ed.), *Mind Design II*: *Philosophy, Psychology, and Artificial Intelligence* (Cambridge, MA: MIT Press, 1997).

以下两本书籍介绍了人工智能的技术基础。如果你对人工智能的计算机编程方向感兴趣，一定不要错过这两本入门书籍。

▶ Stuart Russell and Peter Norvig, *Artificial Intelligence*: *A Modern Approach* (Harlow: Prentice Hall, 1994).

▶ Nils J. Nilsson, *Artificial Intelligence*: *A New Synthesis* (San Francisco, CA: Morgan Kaufmann, 1998).

以下两本书籍由杰出的机器人专家撰写，面向大众读者。如果你对机器人学感兴趣，不妨先看看这两本书。

▶ Rodney Brooks, *Robot*: *The Future of Flesh and Machines* (London: Penguin, 2002).

▶ Hans Moravec, *Robot*: *Mere Machine to Transcendent Mind* (Oxford: Oxford University Press, 1999).

作 者

亨利·布赖顿在机器学习方面的研究既有学术的又有商业的。最近，他主要研究语言进化问题，用机器学习技术模拟多智能体群的语言进化。

霍华德·塞利娜出生于利兹，曾在圣马丁艺术学院和皇家艺术学院学习绘画。他在伦敦工作，既是画家又是插画家。他整理完旧钢船后，在西约克郡翻修了一座旧石屋。

插画师

图书在版编目（CIP）数据

人工智能 / （英）亨利·布赖顿（Henry Brighton）
著；（英）霍华德·塞利娜（Howard Selina）绘；张雯，
蒋虹译. -- 重庆：重庆大学出版社，2019.12
　　书名原文：Artficial Intelligence
　　ISBN 978-7-5689-1873-2

　　Ⅰ．①人… Ⅱ．①亨… ②霍… ③张… ④蒋… Ⅲ.
①人工智能—普及读物 Ⅳ．①TP18-49

　　中国版本图书馆CIP数据核字（2019）第240208号

人工智能

RENGONG ZHINENG

〔英〕亨利·布赖顿（Henry Brighton）　著
〔英〕霍华德·塞利娜（Howard Selina）　绘
张　雯　蒋　虹　译

懒蚂蚁策划人：王　斌
策划编辑：敬　京
责任编辑：夏　宇　　版式设计：原豆文化
责任校对：王　倩　　责任印制：张　策
*
重庆大学出版社出版发行
出版人：饶帮华
社址：重庆市沙坪坝区大学城西路21号
邮编：401331
电话：（023）88617190　88617185（中小学）
传真：（023）88617186　88617166
网址：http://www.cqup.com.cn
邮箱：fxk@cqup.com.cn（营销中心）
全国新华书店经销
重庆市国丰印务有限责任公司印刷
*
开本：880mm×1240mm　1/32　印张：6　字数：218千
2019年12月第1版　　2019年12月第1次印刷
ISBN 978-7-5689-1873-2　　定价：39.00元

本书如有印刷、装订等质量问题，本社负责调换